Birds

【认识鸟世界】

外文出版社
FOREIGN LANGUAGES PRESS

学生博识馆系列

7

认识鸟世界

图书在版编目(CIP)数据

认识鸟世界：图鉴版/陈会坤编著.—北京：外文出版社，2012

(无敌学生博识馆.第1辑)

ISBN 978-7-119-07860-1

Ⅰ.①认… Ⅱ.①陈… Ⅲ.①鸟类－青年读物 ②鸟类－少年读物 Ⅳ.①Q959.7-49

中国版本图书馆CIP数据核字(2012)第151316号

2012年8月第1版

2012年8月第1版第1次印刷

出　　版	外文出版社有限责任公司
	北京市西城区百万庄大街24号
	邮编：100037
责任编辑	吴运鸿
经　　销	新华书店/外文书店
印　　刷	北京博艺印刷包装有限公司
印　　次	2012年8月第1版第1次印刷
开　　本	1/32，920×1370mm，7.5印张
书　　号	ISBN 978-7-119-07860-1
定　　价	35.00元
总 监 制	张志坚
创意制作	无敌编辑工作室
撰　　稿	陈会坤
绘　　图	Berni, Borrani, Boyer, Camm, Catalana, Giglioli, Guy, Maget, Major, Pozzi, Rignall, Ripamonti, Sekiguchi, Sergio, Wright
执行责编	陈　茜
文字编辑	金会芳　杨丽坤
美术编辑	李可欣
版型设计	kaiyun
行销企划	北京光海文化用品有限公司
	北京市海淀区车公庄西路乙19号
	北塔六层　邮编：100048
集团电话	(010) 88018838(总机)
发 行 部	(010) 88018956(专线)
订购传真	(010) 88018952
读者服务	(010) 88018838转53、10(分机)
选题征集	(010) 88018958(专线)
网　　址	http://www.super-wudi.com
E - m a i l	service@super-wudi.com

CONTENTS

目录

CONTENTS

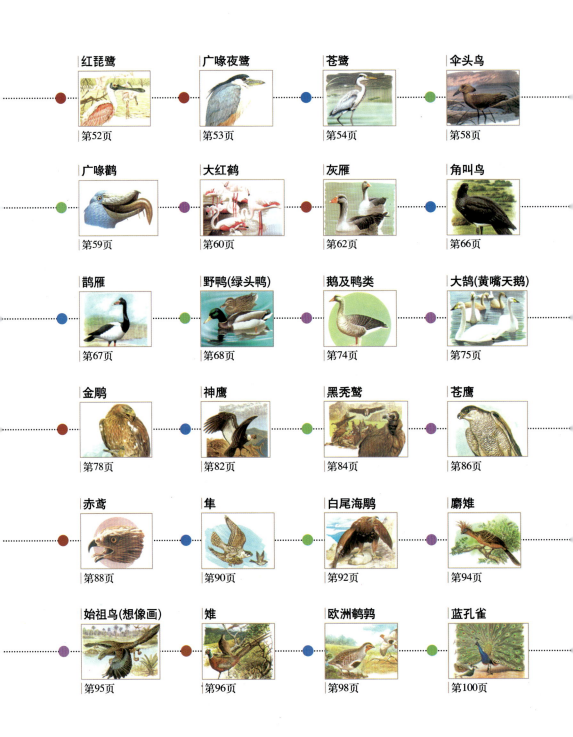

CONTENTS

CONTENTS

CONTENTS

CONTENTS

CONTENTS

关于鸟类

　　鸟类和其他动物最大的不同，就是全身覆满羽毛，能借着羽毛，在空中飞翔。

　　公元1861年，在德国的巴伐利亚的采石场，发现了一个侏罗纪后期(约一亿五千万年前)时的地层化石。这个化石具有许多爬虫类的特征，但从拥有十分完整的羽毛来看，已具有飞行能力，不再是爬虫类，表示它是个有进化现象的鸟类化石，也就是我们现在所说的鸟类的祖先——始祖鸟的化石。但是始祖鸟是从何种爬虫类进化而来的，后来又历经如何的进化？这个发展过程中的化石，至今尚未发现。

　　在北美洲，约于始祖鸟出现的五千年后，即相当于距今一亿年前的地层中，发现黄昏鸟(Hesperornis)和鱼鸟(Ichthyornis)的化石。前者很像现在的阿比，脚上有蹼，附在身体的后部，能在潜水时灵活运用，不过，虽然有翼的痕迹，却是属于不会飞的水鸟。黄昏鸟进化后，又形成许多种类，其中有小型海豹般的野禽出现，这可由化石判知。

　　另外，在六千三百万年前至三千六百万年前的地层中，也发现类似鸵鸟、鹈鹕、鹭、鹫、鹤等祖先的鸟化石，而在

三千六百万年前到一千三百万年前的地层，又发现了化石，这是一种与现生鸟类极为相似的化石。

一千二百万年到三百万年前的鲜新世，出现了很多现生鸟的祖先。这段时期鸟类十分繁盛，推测有约一万数千种之多。其后，鸟类经过冰河期、间冰期等时期，有的绝灭了，有的因身体形态、构造、色彩、机能改变而得以保存生命，有的则能适应地球上的一切。

各种现生的鸟类中，依分类学者的体系和系统，分为28目，155~168科，约8600种，栖息在各式各样的自然环境。决定鸟类分布的要素有过去的历史、自然的界限和生态的条件。

栖息在美国佛罗里达州南部的鸢和拟鹤，它们以采食淡水螺为主，此螺和这些鸟类的分布非常一致。除以上三大要素外，也需考虑到人为的因素。人类对于自然环境的破坏及改变，使得许多鸟类的生活习性大为改变。例如长尾鹊，只栖息在亚洲的一部分和欧亚的伊比利半岛，在这两地之间则没有分布，从此鸟的飞翔能力来看，可知人类的因素是主要原因。在日本只栖息在九洲佐贺县周围地区的喜鹊也是一样，据推测可能是从朝鲜半岛移进而定居的。

本书所记载的鸟类顺序是从进化较晚、较低等的鸟开始，如鸵鸟、希威等之擅走不会飞的走鸟类，企鹅、阿比等进化缓慢仍停留在低等的鸟类，到最进化的高等燕雀目为排列方式。

鸵鸟

全长 2.3米

学名 *Struthio camelus*

（雄）

（雌）

❓ 全世界最大型的鸟类是什么？

鸵鸟是全世界的鸟类中最大型的。身体庞大而不能在空中飞翔，但在地上却跑得很快。在非洲的草原，常可见到数只或数十只群集而与草食性的野兽混在一起生活。

群居生活是以一只雄的与数只雌的鸵鸟组成的家族形态。

● 鸵鸟的生活

● **仔细看**

[为了跑步的脚]

鸵鸟的脚趾有二只，一只大，另一只小，能适于快跑。

● 鸵鸟一跳可达3.5米，时速50~70公里，而且能持续奔跑5分钟以上。

● **仔细看**

[雄鸟求偶]

到了结婚季节，雄鸟会坐在雌鸟的前面，张开大翼，像扇子般，上下振翅。

● **仔细看**

鸵鸟的翅膀并不是用来飞翔的，其功用是张开来壮大声势，以吓阻敌人(右)，或保护幼雏并为它们遮太阳(下)。

● **仔细看**

[鸵鸟的雏鸟]

鸵鸟的蛋很大，有20厘米长。从卵孵化出来的雏鸟，大约有鸡般大小，而且马上能走路。

● 鸵鸟的同类

● 会飞行的鸟儿，为了飞翔，它们的胸骨大，鸵鸟类的胸骨小；其实，鸵鸟在远古时代也能飞行，但不久变为地上生活，胸骨也逐渐变小（这叫做"退化"）。

鹟鸵鸟
Eudromia elegans
全长 90~130厘米

● 鹟鸵鸟和鸵鸟同类，但略会飞行，因此推想它是鸵鸟类中比较接近原始祖先型所生存下来的罕有鸟类。

■ 仔细看
鸵鸟的胸骨

■ 仔细看
飞行性的鸟(鸠)的胸骨

美洲鸵鸟

鸸鹋

食火鸟

希威鸟

■ 袖珍动物辞典
鸵鸟

● 鸟纲 ● 鸵鸟目 ● 鸵鸟科

鸵鸟是1科1属1种。特征是小头，长裸的脖子，短翼。雄的除翼和尾部是白色和脖子及脚浅色以外，其他身体部分都是黑色。雌的全是灰褐色。

二只脚趾柔软，像骆驼般，适于沙地行走。

在一年四季都有繁殖，但以两期较多，一次产卵6~8个。

●古代生存的鸵鸟同类

[和人的高度比较]

恐鸟
Dinornis maximus
全长 3米

● 恐鸟为以前新西兰大鸟同类中的一种，到19世纪还存在，但已经因被捕食而灭绝了。

隆鸟
Aepyornis maximus
全长 3米

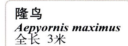

● 数百年前还生存在马达加斯加岛。1849年曾经发现过34×24.5厘米大的卵。

营穴鸟
Diatryma
全长 2米

● 六千万年前生存在北美大陆。口喙大，知其为肉食类鸟类。

希威鸟

全长 35厘米

学名 *Apteryx australis*

[食物]

(蚯蚓)

(昆虫)

(蜘蛛)

(果实)

希威鸟最为敏锐的部位是哪里？

希威鸟和鸵鸟一样不会在空中飞行。翼退化，变得很小，隐藏在羽毛里面看不见。生活在新西兰微暗的密林内。

它们的嗅觉很敏锐，连在10厘米深的土地中的虫儿及气味也能闻出并抓来吃。

仔细看

口边的毛，在暗密林中，有触角的功用。

希威鸟的鼻孔。
鼻孔在口喙上的先端。

普通的鸟的鼻孔。

■袖珍动物辞典
希威鸟

• 鸟纲• 希威鸟目• 希威鸟科
希威鸟是新西兰的特产，有1属3种，身体全都是暗褐色，在暗的林中不显著，脚上有坚固的爪，晚上出来找蚯蚓或昆虫，会走来走去发出尖锐的叫声。

鶆䴈(美洲鸵鸟) 全长 1.65米
学名 *Rhea americana*

🔹 鸵鸟类中翼比较大的是哪一种?

🔸 筑巢、抱卵、养育雏鸟都是雄鸟
的任务。

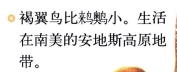

鶆䴈是鸵鸟类中，翼比较大的，
但也不会飞行。生活在南美。在广大
的草原，20~30只群居生活。

🔸 褐翼鸟比鶆䴈小。生活
在南美的安地斯高原地
带。

褐翼鸟
Pterocnemia pennata
全长 90厘米

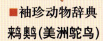

■袖珍动物辞典
鶆䴈(美洲鸵鸟)

• 鸟纲 • 鶆䴈目 • 鶆䴈科

鶆䴈科有鶆䴈属和褐翼鸟
属两种。为美洲大陆最大
型的鸟类，脚趾有三只。
翼稍长，但不会飞行。全
身是灰褐色。实行一夫多
妻制。

鸸鹋

全长 1.5~1.9米

学名 *Dromaius novaehollandiae*

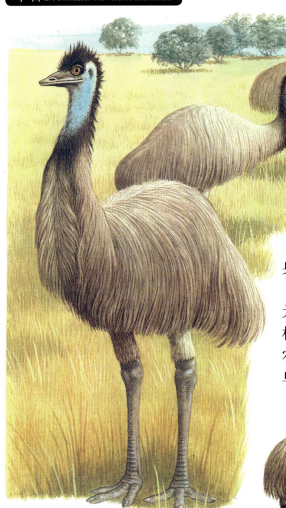

🔲❓ 鸸鹋是害鸟吗？

鸸鹋只分布在澳洲。雌鸟的身体较大，叫声也大。

食物以草原上的树木和草为主，遇到干旱时，树木和草干枯而死，鸸鹋则会转向田地破坏农作物，是被农民们所怨恨的害鸟，因此常被赶走。

🟢 **仔细看**

抱卵、孵育、养育雏鸟，都由雄鸟负责。卵的大小是 13.9×9厘米，重700克，雏鸟有纵条的花纹。

[食物]

树木或草以外，很喜欢昆虫中的毛毛虫。

（天蛾幼虫）

（毛毛虫）

🟢 **仔细看**

看到任何光亮的东西，具有用喙去啄的习性。

食火鸟

食长
1.32~1.65米

学名 *Casuarius casuarius*

● **仔细看**

头上的突出物很像戴铁盔状，它们用这个来推开森林中的密林、草丛。

❓ **食火鸟和其他鸵鸟有什么不同?**

食火鸟和生活在草原上的别种大型鸵鸟不同，分布在新几内亚、澳洲北部的热带雨林中。

一般独栖或成对生活，食物以柔软的果实为主，昆虫也吃。据说逃走时，能以时速45公里之快的速度，穿越繁茂的森林。

雄鸟负照顾卵或雏鸟的责任。

■ **袖珍动物辞典**

鹤鸵和食火鸟

● 鸟纲 ● 食火鸟目

● 鹤鸵科、食火鸟科

这两种和其他走鸟类一样，有蓬松散开的羽毛。它们的后羽毛长，成鸟和其他雏鸟同样，小羽毛没有钩。脚趾三只而有爪。

鹤鸵生活在森林中的草原上。2~4月中(澳洲的秋天)产卵。雄鸟会抱卵60天。

食火鸟生活在森林中，7~8月产卵。

19

阿德里企鹅 | 全长 72.5~76厘米
学名 *Pygoscelis adeliae*

企鹅是鸟类吗?

企鹅类是经过长时间的改变,而从飞行的生活变成游水的鸟类,翼像鱼的鳍。在水中游水时,能使用翼很快地前进,体形也像鱼,易于游水。

[企鹅的进化]

企鹅　　信天翁

同祖先　　海鸥

○ 企鹅、信天翁与海鸥是同一祖先。

企鹅的游泳法

● 速度可达时速 24公里，能像鱼一样在水中穿梭，捕抓猎物。

[食物]

(乌贼)

(虾类)

阿德里企鹅的生活

● 冬天在海上生活，到了9~10月（南极的春天）为了产卵，而爬上陆地。

● 雄鸟争取筑巢的地方。

● 使劲匍匐前往前年所筑的巢里。

● 雄鸟跳舞以引诱雌鸟。

● 雄鸟抱卵约40天后，卵便可孵化了。

● 雄鸟收集小石子而筑巢。

● 成鸟将饵放在口中软化后才放入雏鸟的喙中。

● 雏鸟经过一个月，就会成群进入海中捕食物。

21

金企鹅
Eudyptes chrysolophus
全长 71厘米

王企鹅
Aptenodytes patagonica
全长 97厘米

美格兰企鹅
Spheniscus magellanicus
全长 64厘米

皇帝企鹅
Aptenodytes forsteri
全长 122厘米

小白纹企鹅
Spheniscus mendiculus
全长 53厘米

小企鹅
Eudyptula minor
全长 41厘米

潜鸥(潜企鹅)
Spheniscus demersus
全长 68厘米

白眉企鹅
Pygoscelis papua
全长 71厘米

韩波提企鹅
Spheniscus humboldti
全长 66厘米

须企鹅
Pygoscelis antarctica
全长 68厘米

■袖珍动物辞典

企鹅

●鸟纲 ●企鹅目 ●企鹅科

企鹅的翼呈鳍状，骨头没有通气的结构，是不能飞行的鸟。有蹼的三只趾和另一只趾向后。

约15种，都生活在南半球。分布不只在南极大陆，大洋洲或热带的加拉帕哥斯群岛也有。

阿德里企鹅在企鹅类中属于小型的种类，生产5厘米的白卵2个；抱卵约36日。卵或雏鸟常被贼鸥偷走。成鸟的天敌是鲸及海豹。

王企鹅

全长 97 厘米
体重 16 公斤

学名 *Aptenodytes patagonica*

❓ 王企鹅的卵放在哪里？

王企鹅体形大，威风凛凛。在南极大陆附近的岛上产卵。卵放在脚上，以下腹盖在上面保温。

王企鹅以自己站立的四周为地盘。雄鸟和雌鸟交替养育雏鸟。

🔸 雄鸟在抱卵时，雌鸟就到海上捕猎食物，然后雌鸟将食物吞到粗囊内使其软化后，再喂幼鸟。

■ 袖珍动物辞典

王企鹅

● 鸟纲 ● 企鹅目 ● 企鹅科

和近缘的皇帝企鹅很像，有尖锐的喙。王企鹅在黑色颈子两边有黄橙色斑纹，身体比皇帝企鹅稍小，易辨认。夏天产卵一个，孵化期是52~54日，雏鸟要一年后才能自立，6年后就有繁殖能力。

皇帝企鹅 | 全长122厘米 体重30公斤
学名 *Aptenodytes forsteri*

[气温]
-30℃～-80℃

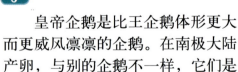

经保温的卵，
温度在33℃。

哪种企鹅最威风凛凛？

　　皇帝企鹅是比王企鹅体形更大而更威风凛凛的企鹅。在南极大陆产卵，与别的企鹅不一样，它们是在最严寒的时期产卵。

　　卵摆在雄鸟的脚上，用下腹的皮肤包住而保温。雌鸟出海捕食物的两个月左右，雄鸟一直抱卵，而且几乎什么都不吃。

　　雄鸟为了防寒，都聚集在一起，和王企鹅不一样。

● 皇帝企鹅的生活

[冬天产卵的理由]

南极大陆周围的海域，到夏天鱼会增加，在冬天里孵化的雏鸟，刚好到夏天时，就长大到能自立在海上抓鱼。

> **仔细看**

抱卵前，卵在雄鸟和雌鸟的脚上来回。如果卵在雌雄鸟脚上互相来回时掉落，就抛弃不要。

> **仔细看**

雄鸟对从卵孵化出来的雏鸟，会放在脚下不放，并好好地照顾。出去捕食的雌鸟尚未回来时，雄鸟会吐出自己胃中的液体，代替食物给雏鸟吃。

○ 皇帝企鹅的视力很好，能潜入海中50米处捕抓乌贼。

> **仔细看**

捕了许多食饵的雌鸟，不分自己的幼鸟或其他的幼鸟，都喂饵给它们吃。

○ 雏鸟在6~9周期间，常和母鸟一起，但因河川结冰，地冻路滑容易跌倒而发生危险。

■ 袖珍动物辞典

皇帝企鹅

● 鸟纲 ● 企鹅目 ● 企鹅科

皇帝企鹅比近缘的王企鹅更大型，为企鹅类中最大型。从颈的两边到胸部有很大片的橙黄色，以此可以和王企鹅分别。

和王企鹅一样，喙尖锐，在水中捕鱼或乌贼为食。

繁殖地和阿德里企鹅一样都在南极大陆。产卵地点离海相当远。产卵一个，抱卵日数平均63日，在鸟类中算是相当长的。

红喉阿比

全长58厘米
体重1~2.4公斤

学名 *Gavia stellata*

阿比的脚在哪里？

阿比的身体很适合潜入水中，是捕鱼为食的鸟类。脚在身体的后面，适于潜水。能潜入50~70米的深处捕鱼。

[食物]

（虾虎鱼）

（玉筋鱼）

（蛙鱼的幼鱼）

（海八目鳗）

仔细看

[阿比的脚]

脚上具有大蹼，因此能够潜入水深处。
阿比的身体适合潜入水中深处，但在地上就不太会站立或走路。

[阿比的体形]

● 阿比的同类

黑㕵喉阿比
Gavia immer
全长 89厘米
体重 4公斤

黑喉阿比
Gavia arctica
全长70厘米
体重2~3.5公斤

● 仔细看

[飞翔和游泳的方法](黑喉阿比)

一面振翅而拍打水面；在跑一段距离后再飞上去。

● 仔细看

头上仰，用喙将屁股所分泌出来的油脂，擦拭在羽毛上，不会让水渗入。

● 仔细看

有时雏鸟还不会游水时，母鸟会将它们载在背上，运到安全的地方。

● 仔细看

[阿比筑的巢]

阿比从巢向海面匍匐滑下去，回巢时，也一样匍匐往上爬。

■ 袖珍动物辞典

阿比

● 鸟纲 ● 阿比目 ● 阿比科

阿比类在全世界有5种，具有尖而锐利的口喙，颈或背部有黑白花纹线。是大型的水鸟，雌雄同色，会叫出低沉而嘶哑的声音。

巢造在池、湖、河流的岸边，可产2~3个蛋，蛋为细长形、褐色、有黑斑。由雌雄交替孵蛋，孵蛋期约一个月或更长些。雏鸟于10~11周出窝。

天敌是狐狸、水獭等，尤其是在卵或雏鸟时，常遭袭击。

学名 *Podiceps cristatus*

[鸊鷉的体形]

[食物]

（虾）

（水栖昆虫）

（蟹）

（鱼类）

（水草）

鸊鷉和阿比有什么不同？

鸊鷉类和阿比同样，是潜水的高手。脚也在身体后面，但有一点不同的是，它们会站立、行走。

鸊鷉将脚趾张开、收缩而巧妙地挠水，生活在池、湖、沼或流水缓慢的河川。

[鸊鷉的构造]

①

③

仔细看

踢水时脚趾张开如图①，脚要收回前方时，趾头会收缩（②从侧面看，③从前面看）。

②

●鸊鷉的生活

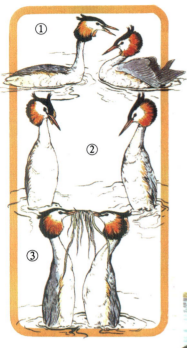

仔细看

[冠鸊鷉的三种求偶行为]

①雄鸟和雌鸟面对面，低着头，将翅膀左右张开。

②在水上，头弯曲，站立。

③面对面站立，咬住水草，头左右摇摆。

[巢]

雌雄鸟交替抱卵，约一个月孵化。

出外时，会用草盖上巢中的卵。

斑嘴巨鸊鷉
Podilymbus podiceps
全长 40厘米

小鸊鷉
Podiceps ruficollis
全长 26厘米

红颈鸊鷉
Podiceps grisegena
全长 46厘米

■袖珍动物辞典

鸊鷉

●鸟纲 ●鸊鷉目 ●鸊鷉科

鸊鷉科是中型或小型的潜水性鸟，能潜水约30秒。雌雄鸟同色，雄的稍大点。一般单独或成对生活，繁殖期时，各自一对占有地盘。

在水上，会用腐坏的水草造巢，依种类产3~10个蛋；蛋为白或青绿色的细长状。雏鸟约3~4周就出窝。

水薙鸟

全长 35厘米

学名 *Puffinus puffinus*

? 薙类大部分的时间都在飞翔吗?

薙类是擅于飞行的海鸟。几乎整天大部分的时间在空中飞翔。除繁殖期外,都在海上生活,不接近陆地。

在海面的上空,它们乘着风像滑翔机般地飞翔,只需展翅而不太振翅,如要转换方向时,翅会倒成左右方向飞行。

● 仔细看

鼻子像管状伸长在鸟喙的上方;将食物和海水一起吞下,再将多余的盐分从管状的鼻子吐出。

鹱的生活

● 在黎明前，大地还一片昏黑时，爬上树枝，从树枝上起飞。早上，从岛上飞出来后，直到傍晚，一直在海上活动。

● 雏鸟在长大到几乎双亲的二倍大后，双亲就不再照料。被遗留下来的幼鸟身体会渐渐消瘦，但相反的翅膀生出坚强的羽毛，而能飞行。

[食物]

（玉筋鱼）

（乌贼）

（鲴）

（糠虾）

各种的鹱

斑水薙鸟
Calonectris leucomelas
全长 48厘米

大水薙鸟
Puffinus gravis
全长 46厘米

灰水薙鸟
Puffinus griseus
全长 43厘米

①

②

③

④

短尾水薙鸟
Puffinus tenuirostris
全长 38厘米

白腹穴鸟
Pterodroma hypoleuca
全长 30厘米

[喙]

①
②
③
④

[短尾水薙鸟]

短尾水薙鸟在太平洋上，会以"8"字形的路线做大移动。在澳洲，于4月飞出巢，配合季节风或鱼群，在太平洋上作3万公里远的长途大旅行。

黑脚信天翁
Diomedea nigripes
全长 80厘米

短尾信天翁
Diomedea albatrus
全长 91厘米

潜海燕
Pelecanoides urinatrix
全长 18厘米

暴风鹱
Fulmarus glacialis
全长 48厘米

● 擅长潜水的鹱类，只有一种——潜海燕；其潜水比飞行更能得心应手，过着潜水捕猎的生活。脚在身体后面，尾小，只有海雀般大。

海角鹱
Daption capense
全长 25厘米

白腰海燕
Oceanodroma leucorhoa
全长 20厘米

■ 袖珍动物辞典

海鹱

● 鸟纲 ● 鹱形目 ● 水薙鸟科

水薙鸟属于鹱形目，其中水薙鸟科含有的种类最多。但身体构造、分布、生态不明的种类也相当多。

普通，身体背面的羽毛是黑色或灰色，下方是白色；翼长、尾短，所以能适应经常的飞行。繁殖期，在北半球的水薙鸟是3~11月，在南半球一般是9~4月。巢是在倾斜地挖1米以上的穴，或利用其他动物所挖的穴。通常一窝一个蛋，蛋大部分是白色、细长状。由雌雄鸟交替孵蛋，约50天孵化，雏鸟在80天出窝。

双亲会在雏鸟离窝前的一段时间就离开繁殖地，雏鸟留到能起飞时才离巢。

暴风海燕 | 全长 20厘米
学名 *Hydrobates pelagicus*

[北半球的海燕]

接近海面，像滑行般地飞翔，跟随着船通过后，所溅起的海水，用喙衔取微生物。

黄蹼白腰海燕 | 全长 20厘米
学名 *Oceanites oceanicus*

[南半球的海燕]

脚垂下在海面上，像走路般地飞行，用脚捞取小鱼。

❓ 南北半球的海燕一样吗？

海燕类的身体比水薙鸟类小，但鼻子像细筒状却极为相似。生活在北半球的海燕和栖息在南半球的海燕，身体的形态、捕食猎物的方法各有不同。

○ 海燕的幼鸟也和海鸥同样，会长大到将近双亲的二倍大。

■ **袖珍动物辞典**

海燕

● 鸟纲 ● 鹱形目 ● 海燕科

海燕科约含有20种，是远洋性的海鸟。在北半球的是翼长、脚短、尾像海燕子那样分开。南半球的是翼短、脚长。繁殖地和信天翁类、水薙鸟类一样。白天除了孵蛋之外，全都出海去，夜间再回到岛上。

流浪信天翁
全长134厘米
翼张开350厘米

学名 *Diomedea exulans*

海鸟类中最大型的是哪种?

信天翁类是海鸟类中最大型的鸟儿。

信天翁类,展翅迎着海上的强风,像滑翔机般地飞行,而不必振动翅膀,就能在浩瀚的大洋上旅行。

在信天翁类中,流浪信天翁体形最大。

仔细看

[流浪信天翁]

信天翁类和水薙鸟同样,有着像管子般的鼻子。

信天翁的飞行方式

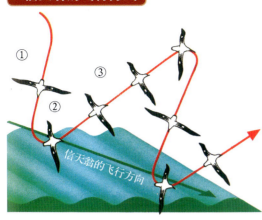

信天翁的飞行方向

仔细看

像滑翔机一样，展开双翼，左右倾斜掠过水面而飞。并利用撞上波峰的风力而飞，所以，信天翁不需振翅而能快速地飞行长距离。

①利用顺风和下落飞行而加快速度。
②接近海面时，转方向。
③乘与波摩擦而转弱的迎风而上升；飞上天空，这样反复飞翔空中。

[信天翁的传讯方面]
雄鸟会发出吼声，或由嘴里发出"咔、哆、咔、哒"的声音。

仔细看

雏鸟如要食物时，就会亲成鸟的喙。

[捕猎物的方法]

[食物]

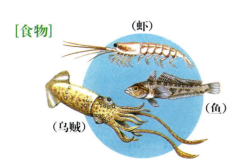

（虾）

（鱼）

（乌贼）

■袖珍动物辞典

信天翁

●鸟纲 ●鹱形目 ●信天翁科

信天翁科有14种，其中3种在北半球繁殖，其余都在南半球繁殖。黑翅信天翁，除翼和尾部的部分是黑色外，其余都是白色。雌雄同型，能利用风像滑翔机般巧妙地飞行。脚较软弱，翼过长，在没有风时，要飞行很艰难。
产卵一个，由雌雄轮流抱卵，约需三个月。

白鹈鹕

全长 140~160厘米

学名 *Pelecanus onocrotalus*

鹈鹕都是白色的吗?

鹈鹕算是大型的水鸟,喙下有大的袋子,捞鱼很方便,有白色和茶色种类的鹈鹕,捕鱼方式也不同。

○仔细看
[翅的花纹]

[食物]

(淡水鱼)
(海水鱼)
(海水鱼)

○仔细看
[鹈鹕的脚]

和水薙鸟等水鸟不同,它的四只脚趾都有蹼。

● 鹈鹕的生活

● 仔细看

雄鸟和雌鸟成对繁殖时，羽毛由白变成淡红色。巢是利用踏倒的芦苇筑成的。

● 白鹈鹕在夏天时会飞往欧洲。

[捕鱼的方法]

桃色鹈鹕和白鹈鹕在捕鱼时会排成半圆形，用翼大力打水，将猎物追赶到浅处而捕食。

● 仔细看

喂食给雏鸟的褐色鹈鹕。

● 各种的鹈鹕

[鹈鹕的体长]

全长125~150厘米。

褐色鹈鹕
Pelecanus occidentalis
全长130厘米

美洲鹈鹕
Pelecanus erythrorhynchus

[褐色鹈鹕的捕鱼方法]

褐色鹈鹕类看到鱼时，会摺翼急速下降，跳入水中，而捕猎物。

卷羽鹈鹕
Pelecanus crispus

澳洲鹈鹕
Pelecanus conspicillatus

鸬鹚

军舰鸟

蛇鹈

热带鸟

鲣鸟

🔵 **鹈鹕的游泳方法**

🟢 仔细看

[脚形和使用方法]

鹈鹕和其同类(鸬鹚)是利用身体下面的脚前后移动而划水。

阿比或鹮鹧的脚左右张开划水。

(鸬鹚)

(阿比)

🟠 鹈鹕的同类，4只脚趾全都有蹼，和凫、阿比、鹮鹧不同。鱼的捕法除跳进追捕外，能像鸬鹚潜入水中追捕的种类也有。

■袖珍动物辞典

鹈鹕

●鸟纲 ●全蹼目 ●鹈鹕科

全蹼目有鹈鹕科、热带鸟科、军舰鸟科、鲣鸟科、鸬鹚科及蛇鹈科6大科。都以鱼类为主食。有4只脚趾的蹼。身体大但善于飞行。全蹼目的鸟儿依食物的不同，身体及鸟啄的形状也有所不同。鹈鹕科中最出名的白鹈鹕是过集群生活，一日有两次捕食的规律生活。繁殖期在1~5月，产白色而带青的细长卵1~2个，褐色鹈鹕是最小型，繁殖期不一定。

鹈鹕科的鸟栖息在淡水或海水。

红嘴热带鸟 全长 99厘米
学名 *Phaethon aethereus*

🔧 **热带鸟远离陆地而生活吗?**

鹈鹕的同类大部分都在海岸上，但只有热带鸟远离陆地而在海洋上生活。

雏鸟的身体比双亲重时，双亲就离开巢穴，撇下雏鸟，这点和䴉类很相似。

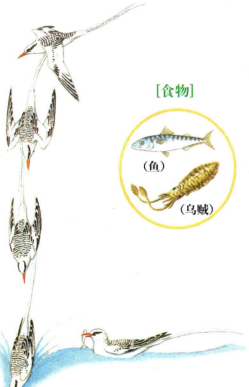

[食物]

（鱼）

（乌贼）

🔵 **仔细看**

[捕食的方法]

发现鱼时，在10米高的地方就摺翅，瞄准鱼，跳入水中潜水捕捉。

■袖珍动物辞典
热带鸟

●鸟纲 ●全蹼目 ●热带鸟科

热带鸟科1属3种。全身大部分是白色，头较大，颈部短。眼睛前后有黑斑，40~53厘米长的尾羽是它的特征。翼长，前端尖，肌肉很发达，善于飞行，但在陆上行走却很笨拙。

繁殖期会聚集成一个大团体，其他时期是单独生活。但成一对的生活也常看见。

鸬鹚

全长 82厘米

学名 *Phalacrocorax carbo*

什么鸟儿擅长潜水用大尾做舵?

鸬鹚一般能潜入5~10米的水里抓鱼。体重容易潜水,但不会用脚做舵,却以大尾担任舵的任务。鸬鹚主要在树上作巢。

欧洲鸬鹚

鸬鹚

欧洲鸬鹚
Phalacrocorax aristotelis
全长 75厘米

[鸬鹚的食物]

(鲽鱼)

(比目鱼)

[欧洲鸬鹚的食物]

(鲱)

(鳕鱼)

仔细看

鸬鹚的脸部、腹部是白色的,和欧洲鸬鹚有所不同。

鸬鹚的生活

- 因身体重，在游水时，身体一半以上沉在水中。

- 潜水时，脚前后摆动挠水，用尾做舵。

- 鸬鹚潜入水中抓鱼后，回到水面上才吃。

- 鸬鹚常张开翼晒阳光，因为它的羽毛会吸水，每潜水一次，就必须晒干。

- 母鸟将饵软化后再吐给雏鸟吃，这样反复做。

各种的鸬鹚

丹氏鸬鹚
Phalacrocorax capillatus
全长 84厘米

小羽鸬鹚
Nannopterum harrisi
全长 95厘米

- 小羽鸬鹚容易捕到猎物，所以不必飞行空中，翼就退化了。

- 红腿鸬鹚会群集活动，所以这个地方会有大量粪便留存，是很好的肥料来源。

红腿鸬鹚
Phalacrocorax gaimardi
全长 76厘米

■袖珍动物辞典

鸬鹚

- 鸟纲 ● 全蹼目 ● 鸬鹚科

在全蹼目中，鸬鹚科中的种类最多，约有30种。雌雄同色，栖息在淡水或海上。喙前端锐利，像钩变曲状，喉咙里有能蓄很多鱼的袋子。不只会潜水，还有极佳的飞行能力。
以鸬鹚最具代表性，在中国台湾它们喜欢栖息在淡水或海边等处，在树上造巢。在欧洲的海岸地带，它们群集生活，除树上外，还有像丹氏鸬鹚是在海岸的峭壁筑巢的。

蛇鹈　全长 91厘米
学名 *Anhinga anhinga*

🔧 蛇鹈比鸬鹚更会潜水吗?

蛇鹈因体重，所以只有细长的喙露出水面，弯弯曲曲地游。在淡水的湖或沼静候，等鱼来而用尖锐的口喙捕捉，它们比鸬鹚更会潜水。

[食物]　（鱼）　（蛙）　（龙虾）　（蝾螈）

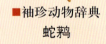

● 仔细看

和鸬鹚一样张开翼而晒干水分。

① 用喙突然刺击而捕捉。

● 仔细看

[捕捉大鱼的方法]
① 用喙突然刺击而捕捉。
②③向空中抛上去，再叼着吃。

■袖珍动物辞典

蛇鹈

●鸟纲 ●全蹼目 ●蛇鹈科

蛇鹈科是1属2种，依雌雄的羽毛而不同。群集繁殖，占有地盘，在繁茂的林丛中或树上的小枝上筑巢。

和鸬鹚同样，没有气囊，骨骼含气性少，身体比较重，游水时，身体全部沉在水中，只有细长的颈子伸出水面。很会潜水捕鱼，用喙突然刺击，抛向空中，接住而吞下去。

白腹鲣鸟 全长 76厘米
学名 *Sula leucogaster*

[食物]

（文鳐鱼）

（乌贼）

? **鲣鸟会跳舞?**

　　鲣鸟是在空中自由飞翔的大型鸟。在热带的岛上群集栖息。在群集中能看到它们独特的舞姿。

红脚鲣鸟
（灰色形）
Sula sula
全长 75厘米

○ 繁殖期时，雌、雄鸟会长时间一起一直跳舞，而一旦成对跳舞以后，就一生共同在一起生活。

■袖珍动物辞典
鲣鸟

●鸟纲 ●全蹼目 ●鲣鸟科

鲣鸟科有1属9种的鸟。多产于热带。

雌雄同色或近于同色，飞行性优秀。捕鱼时会从空中扎入海里。有坚固的骨骼，头和胸的皮下有海绵状的空气层，能耐潜水时的震击。

● 仔细看

鲣鸟有适于潜入海中的体形。在水中巧妙地追捕鱼。

美洲军舰鸟
全长 95厘米
翼长 2.4米

学名 *Fregata magnificens*

鹈鹕的同类中谁最会飞行?

军舰鸟在鹈鹕的同类中，是最会飞行的鸟儿，翼和尾长，身体轻，所以速度快。

军舰鸟除自己抓猎物外，还会追上去夺取其他海鸟所捕获的食物。

[食物]

（文鳐鱼）

（乌贼）

（小海龟）

（水母）

仔细看

脚大部分没有蹼，可以在飞行的半途捕获猎物。也可在树上停留，在地上却几乎不能行走。

- 瞄准其他鸟将吞下去的鱼儿，向它攻击，直到对方吐出而抢夺到为止。

- 瞄准文鳐鱼，自己捕捉；一面飞，一面捉。

● **仔细看**

繁殖期，雄的喉咙会膨胀变鲜红；雄鸟利用它一面胀大，一面缩小，吸引雌鸟的注意力。

- 会捕捉刚孵化不久的小海龟。

■ **袖珍动物辞典**

军舰鸟

● 鸟纲 ● 全蹼目 ● 军舰鸟科

军舰鸟科有1属5种。生活在热带海域的海鸟。

有锐利的喙，大而分开的长尾，身体轻，飞行能力佳，但不会下水或潜水，在海面上用嘴捞取或抢夺燕鸥等其他鸟类的猎物。

雌鸟比雄鸟大，但脚小而软弱，不大会从平地飞上天空。

- 不但抢夺猎物，连别的海鸟筑巢的草或树枝也抢。

白鹳

全长 1米

学名 *Ciconia ciconia*

白鹳能带来幸运吗?

在欧洲有"带幸运来的鸟儿""送子鸟"等的传说,而为人所爱惜。

欧洲的白鹳是在东部产卵,并哺育雏鸟,而冬天到非洲的候鸟。

○ 欧洲有些家庭特地在烟囱上筑台,让它们造巢。

46

- 白鹳在2~3月飞到欧洲，产卵、育雏。到10~11月则集群飞往非洲。

● 仔细看

大部分的鸟儿是成鸟用口喂饵给雏鸟吃，但鹳是吐在巢中，让雏鸟自己啄食。

[动作]

● 清洁羽毛。

● 休息。

[各种的巢穴]
在欧洲，鹳在乡村、都市都有。

[食物]

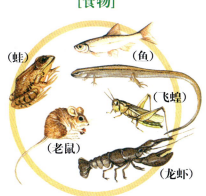

（蛙）
（鱼）
（飞蝗）
（老鼠）
（龙虾）

塔上
电线杆上
树上

各种的鹳

鹳的类缘鸟

白鹳

黑鹳

朱鹭鹳

黑颈秃鹳

黑犁端鹳

非洲秃鹳

仓端鹳

红鹳

秃鹳

苍鹭

广喙鹳

广喙夜鹳

伞头鸟

白鹳
Ciconia c. boyciana
全长 102厘米

黑鹳
Ciconia nigra
全长 122厘米

朱鹭鹳
Ibis ibis
全长 96厘米

黑颈秃鹳
Jabiru mycteria
全长 140厘米

黑犁端鹳
Anastomus lamelligerus
全长 94厘米

仓端鹳
Ephippiorhynchus senegalensis
全长 152厘米

非洲秃鹳
Leptoptilos crumeniferus
全长 140厘米

非洲秃鹳
全长140厘米
翼长70厘米
学名 *Leptoptilos crumeniferus*

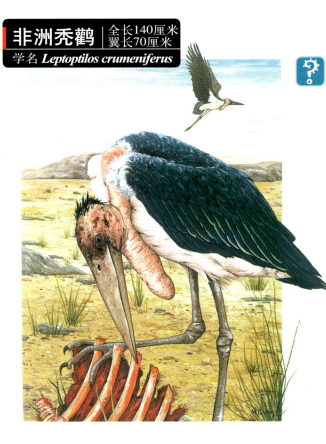

❓ 谁是"草原的清道夫"？

秃鹳类以动物的死骸为食；有用大喙咬断死骸而将头钻到尸体内吃食的习性，就好像头毛因此而磨断的样子。秃鹳有草原的"清道夫"之称。

非洲秃鹳习性不同于白鹳。常于日正当中飞行于空中看到猎物就会急剧下降；遇到成群的兽尸时，比秃鹳、鬣狗更占优势，会发出声音来威吓它们。

秃鹳
全长180厘米
学名 *Leptoptilos dubius*

🔸 栖息在亚洲的秃鹳比非洲的大。

■袖珍动物辞典
鹳

●鸟纲 ●鹳目 ●鹳科

鹳科的鸟有9属17种。在全世界广泛分布。颈和喙都很长，又有长而宽的翼。鹳有3亚种，都是红色的脚。生活在欧洲、非洲的鸟喙是红色的，但亚洲东部的喙却是黑色的。一胎可产2~6个卵，卵白色有细斑纹。雌、雄鸟交替抱卵约30天。孵化后，8~9周出窝，繁殖年龄慢，需要4~5岁。
非洲秃鹳在干季产白卵4~5个，雌雄交替抱卵约30天，孵化后，约4个月就会出窝。

圣鹮 全长 80厘米
学名 *Threskiornis aethiopica*

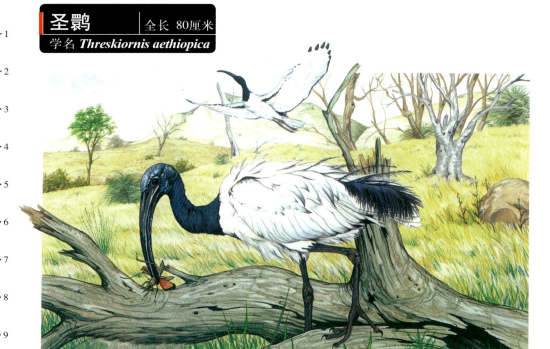

[食物]

(蟹)
(蚯蚓)
(贝)
(蜥蜴)
(蛙)
(昆虫)

 朱鹭的交替飞行法是怎样的?

朱鹭广布于全世界的温带地方。非洲黑朱鹭是集群住在非洲的沼地。飞行也是群集而行,以振翅飞行和不振翅乘风而行交替反复飞行。

朱鹭
Nipponia nippon
全长 77厘米
翼长 40厘米

[朱鹭的习性]

朱鹭到繁殖季节时,会从颈部的肌肉分泌出灰色素,用它的口喙,沾着涂擦全身,而使身体看起来黑黑的。

[朱鹭]

野生朱鹭是朱鹭类中生活在最北方的种类。因趋近于绝种边缘,被列为国际性亟待保护的鸟类。翅膀是淡红色的。

● 朱鹭的生活

○ 用弯曲的喙，插进塘沼底或河底的泥土中，找寻食物。

○ 求偶行为——雄鸟口衔小树枝给雌鸟。

● 朱鹭的同类

红琵鹭
Ajaja ajaja
全长 71厘米
翼长 36厘米

秃鹮
Geronticus eremita
全长 69厘米
翼长 40厘米

白朱鹭
Eudocimus albus
全长 69厘米
翼长 26厘米

猩红朱鹭
Eudocimus ruber
全长 76厘米
翼长 26厘米

青铜朱鹭
Plegadis falcinellus
全长 56厘米
翼长 29厘米

灰朱鹭
Hagedashia hagedash
全长 76厘米
翼长 26厘米

■ 袖珍动物辞典

朱鹭

● 鸟纲 ● 鹳鹭目 ● 朱鹭科

朱鹭科包括朱鹭类和琵鹭类共28种。营巢于邻近摄食的树林或草丛、灌木丛及岩石上等。雌鸟每次产2~3个蛋，有白、浅青或茶色斑点。依种类不同，抱卵期21~30天，有雄鸟抱卵的，也有雌雄共同担负养育雏鸟的责任，至长成要2年以上。

51

红琵鹭

全长 71厘米

学名 *Ajaja ajaja*

琵鹭是怎样寻找食物的?

琵鹭类到成鸟时,喙会变得像琵琶那样扁平。用扁平的喙插进池沼或落潮后露出的沙滩,以左右摇动的方式寻找食物。

红琵鹭分布在南、北美洲,琵鹭分布在亚洲和欧洲。

琵鹭
*Platalea
leucorodia*
全长 86厘米

[食物]

(虾)

(水栖昆虫)　　(水草)

■袖珍动物辞典

琵鹭

●鸟纲 ●鹳鹭目 ●朱鹭科

琵鹭普通是白色的,红琵鹭分布在北美洲南部和南美洲,其中有的红琵鹭的喙更长更宽。头裸出,和喙同样带绿灰色。如同其名,全身是淡红色,它们的幼鸟却是白色的。

广喙夜鹭 全长 56厘米
学名 *Cochlearius cochlearius*

[食物]

水生的小动物
（蟹、水栖昆虫等）

广喙夜鹭会发出什么样的声音?

　　广喙夜鹭是小型的鹭类，却有大而粗的喙。广喙夜鹭和鹳有用喙发出"咔哒、咔哒"声音的习性。

　　广喙夜鹭生活在热带美洲密林的沼地或池边。

● 琵鹭的生活

○ 在找猎物的琵鹭。

○ 展开双翼，使彼此间不会太拥挤。

■袖珍动物辞典

广喙夜鹭

●鸟纲 ●鹳鹭目 ●鹭科

具有小船形而宽大的特殊形状的口喙，有的学者将广喙夜鹭独立成为1科1属，与鹭类分开。但除喙的差异外，完全具有鹭的特征。

黑青色的大头后有冠羽，大多是夜行性的，眼睛大，繁殖期有时会聚合成小团体。

[食物]

(小鱼)

(蛙)

(蝌蚪)

(蛇)

(小型哺乳动物)

(蚯蚓)

鹭有什么样的体形?

很多鹭类身材苗条，喙和脚细长，是适于在水中捕猎食物的体形。

站立或飞行的时候，长颈呈S型。

仔细看

[鹭捕获猎物的方法](苍鹭)

鹭的长颈做折叠状，以捕捉食物，瞄准目标，颈像弹簧般伸出而捕抓猎物。

[鹭的群居]

普通的鹭类在森林或竹丛聚集生活，并集体繁殖。在聚居地能看到求偶行为。

仔细看

[鹭类寻找食物的地方]

在美国同一条河川的鹭类，它们捕获食物的地方也有分别。

①在树上等待。

②在浅滩瞄准猎物。

③搅拌泥土以引诱鱼儿。

④用翼作阴影而引诱鱼儿。

⑤捕捉深处的鱼儿。

仔细看

[鹭的求偶行为](苍鹭)

①为固守地盘，作出一副威吓的样子。

②③颈反复伸长与弯曲，以引起雌鹭的注意。

④雄鸟和雄鸟之间会互相打斗。

①树鹭　　②三色鹭　　③雪鹭　　④红黑鹭　　⑤大仓鹭

各种的鹭类

小白鹭

牛背鹭

红黑鹭

三色鹭

大苍鹭

紫鹭

大白鹭

大麻鹭

黑鹭

麻鹭

夜鹭

姬苇鹭

小苇鹭

● 鹭类的生活

[牛背鹭]

在鹭类中，只有牛背鹭是以飞蝗或流石蚕蛾的幼虫、蜘蛛为主食。很会抓水牛走过后飞起的飞蝗。

[红黑鹭]

展开双翼作阴影，捕捉在阴影下聚集的鱼类。

[夜鹭]

褐翅夜鹭类大部分在晚上捕食物。傍晚到黎明时，站在水边，捕捉脚边的鱼儿。

■袖珍动物辞典

鹭

● 鸟纲 ● 鹳鹭目 ● 鹭科

鹭类约有60种，分布在全世界，其特征是有粉绵状的羽毛，在胸、腰、两腿上有绵状的羽毛，不断成长，前端不断有粉产生，擦在羽毛上，使羽毛得到耐水性。苍鹭是鹭类中最大型的，比起大翼，它的长颈、身躯就相对地变小而轻了。一胎产有3~5个卵。卵是青绿色、无花纹。雌雄交替抱卵约25天，孵化后约两个月就出窝。产卵方式是1~2日产一个卵，卵孵化或养育雏鸟的方法也有差别。较晚生出的雏鹭也会夺饵，所以不能发育成长的有不少。推想这亦是一种抑制过度繁殖的方式。

[大麻鹭]

在危险时，会在繁茂的草丛处将颈的喉呈直立不动，不让天敌发现以自卫。

伞头鸟 全长 50厘米
学名 *Scopus umbretta*

[食物]

（小鱼）

（蛙）

（水栖昆虫）

伞头鸟怎样筑巢？

伞头鸟生活在非洲的河边。雌雄共同以粗树木的枝条作屋顶，筑成坚固的巢穴。

[伞头鸟的巢]

①缠住树枝做成屋顶或墙壁，加水、淤泥或水藻使巢坚固。

②外面用枯叶或骨头、纸贴上。

③产卵于一层铺满禾本科的叶片。

④出入口小，进入巢中时，在空中振翅停留一下，瞄准后跳进去。

■袖珍动物辞典

伞头鸟

●鸟纲 ●鹳目 ●伞头鸟科

鹳也有像鹭那样的羽毛，但飞行时不会像鹭那样缩着颈子，而是身体稍微弯曲，徐徐飞翔。它们头部后面有长冠毛，有如铁锤般。通常是单独或成对生活，有时也集结成一小群。

广喙鹳

全长 120厘米

学名 *Balaeniceps rex*

广喙鹳过着寂静的生活吗?

广喙鹳在非洲内地寂静地生活着。

在茂密丛林间的湖沼浅滩捕鱼或蛙等为食。夏天如湖沼干涸,它们会捕食泥土中夏眠的肺鱼吃。

● 仔细看

肺鱼到了夏天没有下雨的干季,就在泥中沉睡,等待雨季再次来临;而在肺鱼夏眠时,广喙鹳会用巨喙括出肺鱼为食。

■袖珍动物辞典

广喙鹳

●鸟纲 ●鹳目 ●广喙鹳科

像鹭,但却有宽大的鸟喙和大眼睛的大型怪鸟。在白天,它们隐藏在苇滩,而大部分是在夜间活动。

通常单独或成对生活,到了繁殖期时,便在地上作一简单的巢穴。

大红鹤 全长130厘米

学名 *Phoenicopterus ruber roseus*

[食物]

（极小的藻类或甲壳类的动物）

 数万只红鹤会一起生活吗？

　　红鹤是鹤类中会做最大聚落群集的鸟儿；一般五万只或多达十万只的大群集并不稀罕。

　　它们能做别的鸟类所看不到的捕食方式，所以大群集的生活方式也能生存。

● 红鹤组成大群集的生活，只要其中一只飞上天空，不久就会一只接连一只相继飞上天空。

● 仔细看

[红鹤的喙]

用喙在水底触摸移动，而舌头则快速地进出吸水，然后收集挂在喙边细毛的水藻。

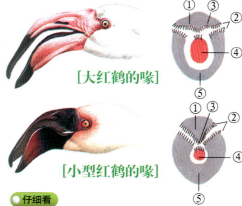

[大红鹤的喙]

[小型红鹤的喙]

● 仔细看

[喙的切面图]

①上喙端②硬毛③细毛④舌⑤下喙端

● 各种的红鹤

小红鹤

茜红鹤

智利红鹤

安地斯山红鹤

詹姆士红鹤

■袖珍动物辞典

红鹤

●鸟纲 ●鹳目 ●红鹤科

红鹤科有3属6种(也有学者说是4种)。羽毛为带淡红的白色，脚趾三只有蹼很会游泳。

从解剖学上、习性上、叫鸣声等观点来看，它们和鸬鹚、朱鹭、鹳等相似，但喙的构造很特殊，下喙的沟深，上喙浅且呈盖形。

灰雁
全长
70~85厘米
学名 *Anser anser*

○**仔细看**

喙边有齿状的刻纹；
这可用来咬断青草。

[食物]

（根）

（谷物）

（禾本科的草）

🔧❓ **雁、凫、鹄类有什么重要特征？**

雁、凫、鹄类是种类很多的水鸟。游水、飞翔对它们来说都是非常得心应手的事；它们喙旁的齿状刻纹是其特征。

○**仔细看**

作长距离飞行时，会排成"V"字形。

雁的生活

● 仔细看

吃东西时，有一只在观察动静(灰雁)。

[灰雁的雏鸟]
从卵孵化的雏鸟，
第二天就会跟随着
开始游水。

○ 睡觉。

○ 对于巢中掉落下来的蛋，
母鸟会用喙衔拾回去。

■袖珍动物辞典
灰雁

● 鸟纲 ● 雁鸭目 ● 雁鸭科

灰雁是一种全身大部分是灰色羽毛的鸟，在欧洲颇为常见。它们的喙和脚呈橙红色。以家族为单位作群体生活，移动时也是群集大行动。通常雌鸟每次可产4~6个蛋，孵蛋约4周，只有雌鸟孵蛋。据说，一对夫妻只要对方没有事故，就终身厮守不变。欧洲鹅是从灰雁演变而来的。

○ 从卵孵化不久的雏雁，会把其周围常动的东西视为自己的双亲。因此常把饲养它们的主人，视为自己的父母，而跟随在左右移动。

● 各种的雁类

豆雁
Anser fabalis
全长 89厘米

白额雁
Anser albifrons
全长 75厘米

小白额雁

鸿雁
Anser cygnoides
全长 90厘米

小白额雁
Anser erythropus
全长 60厘米

黑雁
Branta bernicla
全长 61厘米

● 雁的同类

鹄类(天鹅类)

雁·凫类

叫鸟类

鹊雁类

64

黄颈雁

王雁

加拿大雁

白胸雁

红胸雁

雪雁

黄颈雁
*Branta
sandvicensis*
全长 68厘米

王雁
*Anser
canagicus*
全长 66厘米

加拿大雁
*Branta
canadensis*
全长105厘米

白胸雁
*Chloephaga
picta*
全长 76厘米

红胸雁
*Branta
ruficollis*
全长 55厘米

雪雁
*Anser
coerulescens*
全长 80厘米

■袖珍动物辞典

雁、凫、鹄

●鸟纲 ●雁鸭目 ●雁鸭科

雁凫类的鸟，喙宽而扁平且短，羽脂腺发达，可滋润羽毛而防水。4只脚趾，有3只向前而有蹼（除了鹊雁、黄颈雁），只有在着水的时候，作滑空飞行，其他都是振翅飞行。

各类约有145种，分布在世界广大的地区。雁和鹄类的羽毛是雌雄同色，但凫类大多是雌雄不同色。

角叫鸟

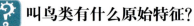

全长 85厘米

学名 *Anhima cornuta*

黑头叫鸟
Chauna chavaria
全长 80厘米

冠叫鸟
Chauna torquata
全长 80厘米

叫鸟类有什么原始特征？

叫鸟类在翼上有二个爪状物，这是别的鸟儿所没有，这也是叫鸟类的原始特征。

胸部肋骨的形状也和别的鸟类不同。普通的鸟的肋骨有钩状突起，但叫鸟类却没有。据推测叫鸟在鸟类很古老的时候，就已经出现记号。

● 仔细看

普通的鸟类肋骨有像钩状的突起。

■ 袖珍动物辞典

叫鸟

● 鸟纲 ● 雁鸭目 ● 叫鸟科

叫鸟科有2属3种。分布在南美洲。翼角有2个爪状物是它们的特征。生活在彭巴草原，但有时会群集在林间生活；常站在树上。

角叫鸟的额上有长10厘米以上细而弯曲的硬角一只。

鹊雁

全长 88厘米

学名 *Anseranas semipalmata*

鹊雁会危害作物吗?

鹊雁的羽毛在繁殖后经新陈代谢作用也不会脱落。

它们生活在澳洲潮湿的草原，但有时也会到旱田里危害作物。

[食物]

（草）　（果实）

（水草）

 仔细看

一般雁类及凫类在繁殖期的末期，会因新陈代谢作用，而造成羽毛脱落的现象，但鹊雁却不会脱旧羽换新羽，而仍保持原色。

野鸭(绿头鸭) 全长 60厘米

学名 *Anas platyrhynchos*

（雌）

（雄）

[食物]

（虾藻）

（水藻）

（浮萍）

（金鱼草）

（水蜘蛛）

（水鱼）

（蟹）

（龙虱）

（田螺）

❓ 凫类多达一百多种?

凫的种类很多，是世界上种类很多的水鸟。体形比雁类小，颈短。在接近造巢的季节时，雄的羽毛会变成鲜明的颜色。

凫类超过一百种，捕食猎物的方法与飞行方法也依种类而不同；大多数的凫类都有移栖的习性。

● 野鸭的雏鸟。

[凫类的采饵的方法]

○ 野鸭：使身体上浮而采取食物；飞上去时，从水面向上飞。

○ 喜鹊鸭：潜入水中采撷食物；飞上空中，在水面上先跑一段路，加速后飞上天空。

凫的生活

（雌）

（雄）

○ 雄凫的羽毛到了6~8月的造巢季节末期，变成和雌凫同样的颜色。

仔细看
白天在水上或草上休息。睡觉时，将喙反插在两个翅膀的中间。

[野鸭的求偶行为]

雄鸟有时会用喙作捏羽毛的动作，而将颈往后仰以引诱雌凫。

○ 凫类造巢在树木的洞口，而不是在水草上筑巢，有些种类会使用其他鸟类的旧巢。

🦆 各种的凫类（雄：♂；雌：♀）

[类似雁的同类]

在亚洲、欧洲中北部地带繁殖，而在亚州南部越冬，喜欢在退潮的地方活动。

花凫

- 在树上生活，并在树洞筑巢。生活在亚州南部。

树鸭

埃及雁

- 生活在除了撒哈拉沙漠以外的非洲各地。

花嘴鸭

- 生活在西伯利亚南部、中国、东南亚。

- 繁殖在北半球的北部或北极区域，而在温带及热带地方过冬。

尖尾鸭

巴鸭

- 在西伯利亚东部繁殖，冬天到中国大陆、台湾及韩国越冬。

小水鸭

- 在北半球的北部繁殖，冬天会飞往非洲、亚洲、欧洲南部及中美洲越冬。

美洲鸳鸯

- 在西伯利亚或亚洲东部繁殖。

鸳鸯

- 在西伯利亚或亚洲东部繁殖。

喜鹊鸭（金眼凫）

○ 繁殖于欧亚大陆、北美洲北部；冬天南下到温带地方越冬。

矶雁

○ 在欧洲或亚洲中部繁殖，冬天会南移。

泽凫

○ 在欧亚大陆北部繁殖，冬天移栖到欧洲中部或日本的北海道。

铃鸭

○ 在北半球的北部繁殖的冬候鸟。

苔绵凫

○ 在北极或阿拉斯加繁殖，冬天也不南下。

绵凫

○ 在极北部繁殖，冬天也不大南下，雌的羽毛是做枕头、裁缝的好材料。

黑凫

○ 在欧亚大陆北部及阿拉斯加西部繁殖。

冰凫

○ 在欧亚大陆北部繁殖，冬天到非洲或欧亚大陆南部越冬。

晨凫

白秋沙

在欧亚大陆北部繁殖，从水面向上直飞。

在西伯利亚东部到美洲西北部一带繁殖，冬天南下到日本、加州。

海秋沙

川秋沙

在欧亚大陆、北美洲中北部繁殖。栖息在川或湖或沼。

在欧亚大陆或北美洲中部以北的地方繁殖，冬天南下而出海。

扇秋沙

在北美洲中部繁殖。

赤尾立凫

在北美洲中部繁殖。

■袖珍动物辞典

凫

●鸟纲 ●雁鸭目 ●雁鸭科

由于其肉味美，所以是鸟类中被狩猎的第一大目标。凫鸭类第二列长羽毛富光泽性，并具粗带状的斑纹，这是分类的重要特征。

大部分的凫鸭都会移栖，但热带产的多数是不移栖的。它们通常在夜间觅食淡水产的东西，日落就飞到水田或沼池等处。除繁殖期以外都行群集生活。它们是相当小心的鸟儿，在接近人类住家附近时会确定安全无虞才定居下来。雄鸟在繁殖期会划定势力范围，它们的防卫意识相当强，而筑巢和抱卵是雌鸟的责任。它们大多用植物叶片或茎作材料筑巢，再铺上绵羽，每窝可产8~12个蛋，蛋是淡绿色的。当一次生蛋结束后，才开始孵蛋，至22~28日会孵化。雏鸟在成长期间，常会被其他动物捕食。

凫的同类（雄：♂；雌：♀）

琵琶鸭

分布在北半球广大区域，冬天移栖到亚洲、欧洲南部、非洲等地生活。

美洲赤颈凫

赤颈凫

广布于欧亚大陆，在非洲或亚洲南部越冬。

罗文鸭

在西伯利亚东南部或蒙古繁殖，冬天会飞到亚洲南部越冬。

白眉鸭

在欧亚大陆中纬度地带繁殖，冬天移到南部。

赤膀鸭

生活在欧亚大陆、北美洲及非洲北部。

大船凫
Tachyeres pteneres
全长 70厘米

在凫类中是很稀罕的种类，也是不会飞的凫。栖息在南美洲的最南端。

红脸鸭凫

生活在中美洲、南美洲的北部或西印度群岛。筑巢在椰子树叶间。

鹅及鸭类

是雁鸭类中为数较多的种类，有灰雁、红脸雁、鸿雁、白头雁四种。被人类饲育驯养而改良出很多品种，以便利用其肉、卵及羽毛。

红脸鸭（原种）

野鸭（原种）

美洲红脸鸭（南美洲）

灰雁（原种）

叨腊鹅（法国）

黑头鸭（意大利）

北京鸭（中国）

青头鸭（日本）

德国白鹅（德国）

原鹅（原种）

中国鹅（中国）

■ 袖珍动物辞典

鹅·鸭

● 鸟纲 ● 雁鸭目 ● 雁鸭科

鹅是由灰雁和原鹅经改良而来的。前者的系统在公元前二千年已被希腊人当做家禽饲养，以欧洲为中心，交配出很多品种；后者的系统又叫中国鹅，18世纪时，从原产地中国，运到欧洲而改良的。
人类从公元前四千年就开始驯养鸭，有食肉用、卵用、装饰用等目的的改良品种，而且种类很多。

大鹄(黄嘴天鹅) | 全长152厘米
学名 *Cygnus cygnus*

鹄的体形特别大吗?

鹄是雁鸭的同类，俗称天鹅，体形特别大而有长颈。生活在欧洲北部或冻原地带，到了冬天，因为冰冻地方捕不到食物，而为南飞的候鸟。

[食物]

（袋海苔）
（甘藻）
（香蒲根）
（水栖昆虫）
（虾类）

● 仔细看

鹄捕食时，身体会浮在水面，头颈伸入水中(左)或直接在水面(右)捕食。

鹄的生活（大鹄或黄嘴天鹅）

◯仔细看

黄嘴天鹅在5~10月中，于欧洲北部到亚洲北部的冻原地带筑巢；而雄鸟和雌鸟守住自己的地盘。巢是用草叶堆叠而成的。

◯仔细看

雏鸟起初是灰色的。

[动物]

◯ 在地面上啄食物。

◯ 睡觉。

◯ 爱护雏鸟。

◯ 在当年出生的雏鸟还没有变白色时，就跟随着双亲一起南移。

◯ 体大而重，所以要飞上空中时，须在水面上助跑加速后再飞上去。

各种的鹄（天鹅）

琥珀鹄
Cygnus buccinator
全长 120厘米

- 栖息在西伯利亚北部和北美洲的最北部。

黑颈鹄（黑颈天鹅）
Cygnus melanocoryphus
全长 99厘米

- 生活在南美洲，会背着雏鹄游水。

瘤鹄
Cygnus olor
全长 152厘米

黑鹄（黑天鹅）
Cygnus atratus
全长 117厘米

- 会发出很高的叫声，栖息在澳洲和塔斯马尼亚岛一带。

- 栖息在欧洲北部一直到西藏一带。

仔细看
①瘤鹄的头部
②大鹄的头部
③小天鹅的头部

① ② ③

■袖珍动物辞典
鹄
●鸟纲 ●雁鸭目 ●雁鸭科

总称鹄的水鸟共有鹄属5种及凫属1种。鹄照系统来说比雁类更接近琉球凫。大鹄一次产7~8个卵，瘤鹄产5~7个卵，都是白色。大部分是雌鹄抱卵，期间依种类而不同，大鹄抱卵约5个星期。雌雄彼此的关系很密切，一生继续不变。

金雕　全长 80~90厘米

学名 *Aquila chrysaetos*

没有天敌的鸟类是哪种?

鹫类自古以来就被视为鸟类之王。的确不错,它们没有任何可怕的天敌。

一般它们都捕食其他鸟类或小型的哺乳动物。鹫类具有锐利而坚强的喙、敏锐的眼睛以及锐利的爪子;而这也就是鹫捕猎物的武器。

[食物]

(野鼠)

(野兔)

(松鼠)

(雉类)

(岩鹧鸪)

(凫及雁鸭类)

🔴 金雕的生活

🟢 **仔细看**

翅膀的形状。

🟠 在山地的上空，慢慢地飞翔，以找寻
　地上的食物。

🟢 **仔细看**

如找到猎物时，
就一直往下降，
用脚和爪捕获猎
物。

🟢 **仔细看**

在空中时，对凫或鸭
雁等候鸟，也会从下
面袭击而捕获。

🟢 **仔细看**

造巢在险峻的山崖或高树上。
一般孵化2只雏鸟。但有时先
孵化出来的会杀死后孵化的弱
幼雏。
雏鸟的身体覆着一层棉毛，有
着敏锐的眼睛和成鸟一模一样
的喙。

鹗

䳍

熊鹰

苍鹰

灰泽䳍

老鹰

灰面䳍

熊鹰
Spizaetus nipalensis
全长 57~60厘米

䳍
Buteo buteo
全长 52~57厘米

苍鹰
Accipiter gentilis
全长 50~56厘米

灰泽䳍
Circus cyaneus
全长 50厘米

老鹰
Milvus migrans
全长 65厘米

鹗
Pandion haliaetus
全长 54~68厘米

灰面䳍
Butastur indicus
全长 47~51厘米

白尾海鵰
Haliaeetus albicilla
全长 77~95厘米

虎头海鵰
Haliaeetus pelagicus
全长 100厘米

白头鹫
Haliaeetus leucocephalus
全长 68~76厘米

秃鹫
Aegypius monachus
全长 103厘米

● **鹫鹰的类似种类**

秘书鸟
（鹫鹰、食蛇鹰）
Sagittarius serpentaris
全长 117厘米

隼
Falco peregrinus
全长 40~48厘米

神鹰
Vultur gryphus
全长 130厘米

■袖珍动物辞典

鹫鹰类

● 鸟纲 ● 鹫鹰目 ● 鹫鹰科

鹫鹰目的鸟和鸮类一样，都是肉食性鸟类，是一般说的猛禽类；但和鸮不同，是昼行性的鸟类。分为5大科90属，270种。

鹫鹰科约210种，雌鸟比雄鸟的身体稍大。一般鹫的体形比鹰大，但是尾和脚较短。

金鵰是鹫中最大型的，生活在山丘地带的斜坡上，占有相当大的地盘。雌雄成对终身相伴，是一年四季栖息在同一地域的留鸟。

神鹰

全长 130厘米

学名 *Vultur gryphus*

 神鹰的主食是什么？

　　神鹰类生活在南、北美洲。和其他鹫鹰类同样，展开大翅，在高空飞翔，以寻找猎物。

　　腐烂的动物死骸是神鹰的主食。

● **仔细看**

[神鹰的头部](雄鸟)

神鹰类都有独特的脸型，但头上的装饰只有雄性有，雌性没有。

神鹰的生活

● 仔细看

神鹰的双翼是鸟类中最大的，幅度也宽，双翅张开的长度约3米。

当它乘着上升的气流，展翅飞翔时，可像滑翔机一样作长时间的飞行。

● 常吃被冲上海边的鱼儿，如鲸鱼或海驴。

● 到了筑巢季节，雄鸟争相展翅、啄脚或喙、打斗等以趁机抢夺雌鸟。

各种的神鹰类

加州神鹰
**Gymnogyps
californianus**
全长 125厘米

姬神鹰
**Cathartes
aura**
全长 75厘米

绯脸神鹰
**Sarcorhamphus
papa**
全长 80厘米

■袖珍动物辞典

神鹰

●鸟纲 ●鹫鹰目 ●神鹰科

此类有6种(或7种)，栖息在南北美洲，行动范围很广。鸟喙相当尖锐，脚不强壮，爪也脆弱，有食腐肉及头部皮肤裸出等特征。占有与栖息在旧世界—欧亚大陆之秃鹰同样生态的地位。

栖息在南美洲的神鹰除了地行性的鸵鸟类外，是最大型的鸟儿。它们和其他鹫鹰类不同，体形是雄的比雌的大。繁殖期以外是行单独或小聚落生活。是一雄一雌共营生活，一次产一个蛋，都是白色的，能雌雄交替孵卵，约7~9周孵化。育幼期间长，所以繁殖是隔年或更久才发生。

加州神鹰的数量，已减少至面临绝灭的危机，因而成为国际保护的珍鸟。

黑秃鹫

全长 103厘米
翼长 287厘米

学名 *Aegypius monachus*

❓ 秃鹫的羽毛长在哪里?

秃鹫的体形、习性和神鹰很像;秃鹫类大部分是头上没有羽毛,而在颈下部有羽毛丛生。

秃鹫和神鹰一样,喜欢吃动物腐烂的死骸。

🔵 仔细看

秃鹫将宽大的翼张开,乘上升的气流,像滑翔机般长时间在空中飞行。

[非洲秃鹫和它们的摄食法]

白衿秃鹫和白头秃鹫，分食动物的死骸。

白衿秃鹫
Gyps
fulvus
全长 104厘米

○ 头伸入动物的死骸里，拉出肠或肌肉来吃。

白头秃鹫
Trigonoceps
occipitalis
全长 84厘米

○ 用脚压住动物死骸的皮或硬肉，或附在头骨上的肌肉，用坚强的喙拉断以吃食。

[埃及秃鹫]

埃及秃鹫
Neophron
percnopterus
全长 63厘米

仔细看

埃及秃鹫等待大型秃鹫(如黑秃鹫、白头秃鹫)吃腻剩下来的东西吃。再者，如找到鸵鸟蛋时，会啄推到石头上①，把蛋打碎，弄破硬壳后吃②③。

①

②

③

> ■ 袖珍动物辞典
>
> ### 秃鹫
>
> ●鸟纲 ●鹫鹰目 ●鹫鹰科
>
> 秃鹫是雌雄同色、颈长的昼行性猛禽类，已知有6属15种。大部分是食腐烂的肉类，但也有捕食小动物或吃椰子的果皮。能单独或群集生活。巢造在岩壁或树上。
>
> 秃鹫是一次产一个蛋，呈白色，上有斑点。雌雄交替孵蛋，约48~52日孵化。埃及秃鹫一次产两个蛋，孵育期为43天。都在3~4月出窝。

苍鹰
全长 雄50厘米 雌56厘米
展翼长 110~118厘米

学名 *Accipiter gentilis*

○ 仔细看

翅的形状。

苍鹰怎样去攻击猎物?

苍鹰生活在森林里，能在树间迅速地飞来飞去，并攻击猎物。

[食物]

(雷鸟)

(野鼠)

(鲣鸟)

(松鼠)

● 鹰的生活

● 仔细看

雀鹰以敏捷的袭击,
追捕像雀般的小鸟。

鹗

● 仔细看

鹗振翅停在空中,
瞄准猎物,它们外
边的脚趾会前后活
动,是一种易于抓
鱼的构造。

● 苍鹰的类似种类

鵟

泽鵟

鵰头鹰

灰面鵟

雀鹞

雀鹰

[猎鹰]

自古以来,
人们惯于利
用猎物来饲
养苍鹰。

■ 袖珍动物辞典

苍鹰类

● 鸟纲 ● 鹫鹰目 ● 鹫鹰科

苍鹰筑巢于树上,并常常添加材
料以加强旧巢的功能。一窝3~4个
蛋,孵蛋由雌性负责,约36~38天
孵化。生出来的雏鸟,由雄鸟采回
饵食,经由雌鸟接受后再给雏鸟。
鹗的巢筑于针叶树或落叶树上;特
别喜欢吃鱼,在水边的高树上或岩
石上造巢。鹗和鹗大部分是雌鸟孵
蛋,这段期间由雄的出外觅食。

赤鸢

全长 雄58厘米
　　 雌68厘米

学名 *Milvus milvus*

（死鱼）

（死蜥蜴）

（蛇）

（野鼠）

[食物]

老鹰也有"清道夫"之称吗?

老鹰主要生活在欧亚大陆或非洲。栖息在海边或旱田里，在海边以鱼的死骸为生；并在渔港吃碎鱼等，有"清道夫"之称。

● 老鹰的生活

[老鹰和其他鸷鹰的辨别法]
尾形差异很清楚。

[老鹰的脸部]
老鹰专吃死的动物，有敏锐的眼睛，很像鸷。

○ 老鹰的蛋。

● 各种的老鹰

苍鹰

老鹰

赤鸢

白头鸢
Haliastur indus
全长 50厘米

老鹰
Milvus migrans
全长 60厘米

○ 巢筑在高树上，由雄鸟和雌鸟一起收集枯枝而建造。到冬天就群集生活。

■ 袖珍动物辞典

老鹰

● 鸟纲 ● 鸷鹰目 ● 鸷鹰科
老鹰又名鸢，英文和"风筝"同字，表示很会飞翔；在欧洲或非洲北部的鸢是在热带非洲越冬的候鸟。雌雄共同筑巢，但只有雌鸟抱卵孵育，其间雄鸟则外出觅食。

隼

全长
40~48厘米

学名 *Falco peregrinus*

仔细看

翅的形状。

[食物]

（雁鸭类）

（小型鸟类如雀类）

（鸠类）

（鹬类）

为什么隼的体形最适于捕获猎物？

隼类的长翼，先端呈尖形，是鸷鹰类中最适于捕获猎物的体形。

从上空袭击猎物时，时速能高达250公里以上。可准确地瞄准鸠、乌鸦、凫等而将它们踢死，有时像雁般大型的鸟也会被袭击。

●隼的同类

白隼

●仔细看

燕隼(土隼)的翅形。

燕隼

美洲隼

红隼

●隼的生活

●仔细看

有从上面急速下降袭击的捕捉法
(下)和追赶袭击的捕捉法(上)。

○ 隼的蛋。

■袖珍动物辞典

隼

●鸟纲 ●鹫鹰目 ●隼科

隼科约有60种,隼类是鸟类中飞得最快的鸟
类之一(急速下降时速可达250公里以上)。
在空中能用锐利爪和脚踢下猎物,并捕抓。
隼除双亲和雏鸟以外,很少群居,都是单独
或雌雄成对栖息在开垦后的地域或海岸的岩
壁上。雌雄一对终身厮守,并在岩壁的凹处
或其他鸟儿的旧巢下蛋。

一窝可下3~4个蛋,普通每隔两天产一个
蛋,大部分是雌鸟孵蛋,约30天;其间雄鸟
出外捕食。孵化后,由雄鸟运搬食物,然后
由雌鸟分给幼雏;不久后,雌雄一齐出外捕
获猎物,直接给雏鸟吃。雏鸟约5~6周就可
出窝。

白尾海鵰 全长77~95厘米
翼张开约230厘米

学名 *Haliaeetus albicilla*

[食物]

（野兔）

（鲑、鳟）

（雁鸭类）

（阿比）

（小海豹）

海鵰极为温顺吗?

海鵰通常在水边捕鱼。

白尾海鵰生活在亚洲和欧洲北部的海岸或湖、川的附近。

比起栖息在森林的鹫类，可说是温顺无比，猎物被乌鸦盗食时，它们不会前往追赶而任乌鸦继续食用。

[捕抓猎物的方法]

突然冲进水面，用脚爪攫住鱼而上飞(后面跟着的海鸥也想抢夺)。

[辨别法]

虎头海鹏的翼里有白花纹，尾羽毛是楔形，先端是尖的。

● 仔细看

白尾海鹏。

● 仔细看

虎头海鹏。

各种海雕类

虎头海鹏
Haliaeetus pelagicus
全长 100厘米

白头鹫
Haliaeetus leucocephalus
全长 68~76厘米

三色海鹏
Haliaeetus vocifer
全长 61~72厘米

■ **袖珍动物辞典**

海鹏类

● 鸟纲 ● 鹫鹰目 ● 鹫鹰科

海鹏类的代表是白尾海鹏，成鸟时全身呈褐色，尾巴是白色的。巢造在大木头顶或崖的半腰，但每年加强巢穴，而逐渐扩大。蛋呈白色，或有斑纹，普通一窝两个蛋，隔四天产一个。主要是雌性孵蛋(孵育期约38天)，孵化后，约70天就会飞。幼鸟的尾巴是褐色的，和双亲一起生活相当长一段时间。

虎头海鹏是鹫类最大型的。全身黑褐色，翼的前缘与尾部是白色，呈一非常鲜明的对照。羽性和白尾海鹏相似。

白头鹫因为是美国的"国鸟"而闻名世界。但并不具有高雅的姿型，喜吃腐肉，所以有人提议它不适合做国鸟。

非洲产三色海鹏是白色、灰色和栗色小型海鹏。

麝雉 全长 60厘米
学名 *Opisthocomus hoazin*

[食物]

（野果）

（水草）

麝雉为什么是罕见珍禽?

麝雉是独一无二的罕见珍禽。

它们有些鸟类的祖先像始祖鸟，这种说法是依其雏鸟的翼有二爪，会乘风飞翔，但并不会用自己的力量飞行的缘故，以及它们的叫声像爬虫类的声音，这也是原因之一。

● 仔细看

从卵孵化后，雏鸟的翼即生出爪，而会爬树或是走树枝。
但此爪经过2~3周后，就会消失。

■袖珍动物辞典
麝雉

●鸟纲 ●鹑鸡目 ●麝雉科
乍见和雉类相似，有冠毛。头小颈细，具长尾，是纤细体形的野禽。雌雄稍同色，普通作小群生活；大多在早晚活动，不喜阳光。

始祖鸟（想像画）
学名 *Archaeopteryx*

○ 使用翼上的爪爬上树木。

○ 是鸟类的元祖，约一亿五千万年前，从爬虫类分支进化而来的。推想始祖鸟是从爬虫类进化而来，为鸟类最原始的样子。

始祖鸟的头像蜥蜴，颚有牙齿。翼的骨端有爪的趾头三只。有翼但却不会振翅飞翔，能在地上跑步或乘风像滑翔机般地飞行。

[始祖鸟的祖先]

始祖鸟的祖先可能是嘴口龙（左）和羽齿龙（右）。有学者认为始祖鸟的祖先的羽毛是由鳞变来的。

雉

全长 雄75~90厘米
雌56~63厘米

学名 *Phasianus colchicus*

[食物]

（新芽）

（种子）

（昆虫）

（果实）

（蜘蛛与蜈蚣）

雉类的数量在增加吗？

雉类原来生活在亚洲，现在则已分布于欧洲或北美洲，数量亦大为增加。

大部分的种类，雄性的羽毛较雌性的颜色更为鲜明而有花纹。

它们在草原或森林的地上生活，晚上则栖息在树上。

● 仔细看

[脚]

有着适于地上生活的坚强的脚。用爪掘地，挖出昆虫或草芽为食。

96

● 雉类的生活

● 各种的雉类

鹳雉

白鹇

锦鸡

银鸡

虹东雉

● 雉在人接近时，仍静止不动，直到极为靠近时，才会飞上空中。

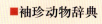

● 雌鸟用腹擦地面形成凹地，再在上面产卵。雌鸟朴素的羽色并不明显，可为保护色的作用。

■袖珍动物辞典

雉

● 鸟纲 ● 鹑鸡目 ● 雉科

雉是漂亮的野禽，是生活在开垦后的草地或耕作地周围的栖地性野鸟；不喜欢栖息在深森林。

颈部有白轮的环颈雉是雉的一亚种。鹳雉是日本特产，比雉大，尾部长，是森林性野禽。

锦鸡的冠羽起初是金黄色，渐变为赤、墨绿等色。银鸡以白色为基调，而有赤、黑、青等色。两种都是有豪华色彩的鸟儿。

白鹇的背和尾是白色、腹部是黑色、脸红色，是具有美丽配色的鸟。虹东雉依看的角度不同而羽毛颜色随之改变。

● 刚出生的雏鸟，马上就会走。

● 雉在振翅时，有发出"咔-嗯、咔-嗯"的习性。

欧洲鹧鸪

全长 30厘米

学名 *Perdix perdix*

？ 鹧鸪的飞行本领如何？

鹧鸪是属于雉类的鸟儿，群居生活，常可在草原或牧场看到，不太会飞。

雉的同类中有些较为稀罕的，能飞行一段相当远的距离。翼也很粗壮。

[食物]

（蜘蛛）

（种子）

（蔬菜及野菜）

● 仔细看

[鹧鸪群]

睡觉时，身体挨着身体，围成轮状睡眠。

●各种的鹌鹑类

鹌鹑

竹鸡

赤石岩鹧鸪

岩鹧鸪

科林鹑

●雉的近缘种类

鸡类

孔雀类

鹌鹑的同类

雷鸟类

火鸡

造家鸟

珠鸡的同类

宝冠鸟

■袖珍动物辞典

鹌鹑

●鸟纲 ●鹑鸡目 ●雉科

鹌鹑是呈圆形而身体短小尾短的
鸟儿，也是鹑鸡目中唯一为候鸟
的种类。
卵褐色，有斑纹；每窝可生7~12
个蛋。雌鸟抱卵约3周。山鹌鹑
是雉和鹌鹑的中间型，属于鹧鸪
类，胸前有大斑纹。

蓝孔雀

全长
雄 230厘米

学名 *Pavo cristatus*

（雄鸟）

（雌鸟）

孔雀为什么开屏?

雄孔雀的尾部羽毛，大展开时，能引诱雌鸟前来。

● 孔雀的生活

● 各种孔雀类

爪哇孔雀
Pavo muticus
全长 雄 300厘米

蓝孔雀
Pavo cristatus
全长 雄 230厘米

刚果孔雀
Afropavo congensis
全长 雄 62厘米

● 仔细看

对飞行也能得心应手；振动翅膀加上长长美丽尾羽毛随风摇曳，可飞得相当远。

○ 睡觉时，飞到树上。

○ 雌鸟羽毛的颜色较不显著，可生8~20个蛋。

■ 袖珍动物辞典
蓝孔雀

●鸟纲 ●鹑鸡目 ●雉科

蓝孔雀生活在森林，以地上的种子、果实、新叶、昆虫等为饵食；有采饵与休息睡觉同处的习性。一雄鸟可与四~五只雌鸟共同生活。巢造在草丛下的洼地。蛋白色，没有斑纹，雌鸟抱卵约27天。

鹑鸡目的鸟类，一般从开始下蛋到结束，要花相当的时间，而孵化的时间都差不多。而刚孵化出来的雏鸟马上会走。

刚果孔雀生活在非洲较偏僻的密林中，1936年才被发现，为一属一种，是较为稀罕的野鸟。

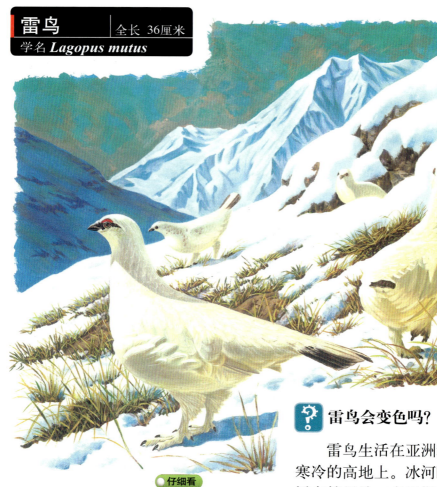

雷鸟

全长 36厘米

学名 *Lagopus mutus*

仔细看
冬型的雷鸟。

仔细看
夏型的雷鸟。

雷鸟会变色吗?

雷鸟生活在亚洲和欧洲的寒冷的高地上。冰河时期,生活在较低处。有雪期的冬天,体色变白。没有下雪的夏天,变成和岩石同样的茶色。

仔细看
[雷鸟的特征]
雄鸟的眼上没有羽毛,鼻孔被羽毛盖住。眼睛的前后是黑色。脚上没有距,后趾附在高处。

雷鸟的生活

仔细看

到了春天的繁殖期时，眼睛上的红块会扩大(右)，雄鸟会展开翼作求偶行为。

仔细看

感觉到危险时，会隐藏在雪堆里，而只露出头来。

[冬和夏](雄)

(冬)　　　　(夏)

仔细看

[雷鸟的蛋]

孵蛋是雌鸟的责任。蛋有花纹，在巢穴的草上较不明显。

各种雷鸟类

黑雷鸟
Lyrurus
tetrix
全长　53厘米

赤沼雷鸟
Lagopus
scoticus
全长　38厘米

草原雷鸟
Tympanuchus
cupido
全长　43厘米

衿卷雷鸟
Bonasa
umbellus
全长　43厘米

虾夷雷鸟
Tetrastes
bonasia
全长　35厘米

大雷鸟

全长 雄85厘米
雌60厘米

学名 *Tetrao urogallus*

（雄）

（雌）

大雷鸟是最大的雷鸟吗？

　　大雷鸟是雷鸟类中最大的。生活在欧洲的深针叶树林或亚洲西北部。雄鸟会发出"波-恩、波-恩"的声音，这是引诱雌鸟的行为。

■袖珍动物辞典

雷鸟

●鸟纲 ●鹑鸡目 ●雷鸟科

雷鸟科中，雄性比较大，有18种之多。雷鸟属有两种，冬天会换羽成白色而有名。但近缘种中也有不换羽毛的。不同属的虾夷雷鸟，当然是不会变成白羽毛。

雷鸟甚至连到脚趾端也是羽毛密生。雄大雷鸟颚下有须样羽毛。黑雷鸟生活在森林，雌雄不同颜色。草原雷鸟只栖息在草原和旱田。

红原鸡

全长 46厘米

学名 *Gallus gallus*

红原鸡能强力地振翅，并在空中飞行。

日出前会发出与鸡同样的"咯咯咯"的叫声，并借以保护地盘。

红原鸡是鸡的祖先吗？

红原鸡推想是鸡的祖先。为了保护自己的地盘，它们的叫声与鸡的叫声相同。

■袖珍动物辞典
红原鸡

● 鸟纲 ● 鹑鸡目 ● 雉科

雄红原鸡的头上有大鸡冠，颚有垂肉，雄鸟和雌鸟两者都比从红原鸡改良后的品种，体形更为强壮。

原鸡类一般认为有四种。生活在森林作小集团，是杂食性的鸟儿，以草的种子、果实、根，蚯蚓、昆虫、蜥蜴等为食。

是以一雄鸟与多雌鸟共同生活的方式，一年四季都会繁殖。

[食物]

（种子）　（芽）

（蛞蝓）

珠鸡类遇险时会怎么样？

珠鸡类常在地上生活，几乎不会飞行空中；但如遇到危险，被追而逃命时，会飞一段相当远的距离。

■袖珍动物辞典

珠鸡

●鸟纲 ●鹑鸡目 ●珠鸡科

珠鸡的脸部裸出，一般的羽毛朴素有斑点。雌雄同形、同色，为栖地形。有七种，生活在干燥的草原或林中。除繁殖期外，一般以20只左右为一小聚落，一天能走数公里。巢是挖掘地面的浅处造成。肉质好吃，也有被当家禽饲养。

冠珠鸡的冠羽很发达。秃鹰珠鸡是此类中最显眼的，有白色线条的花纹羽毛。

各种珠鸡类

秃鹰珠鸡
Acryllium vulturinum
全长 60厘米

冠珠鸡
Guttera pucherani
全长 47厘米

火鸡

全长	雄 120厘米
	雌 90厘米

学名 *Meleagris gallopavo*

火鸡的飞翔能力怎么样?

火鸡生活在北美洲、墨西哥的草原或明亮的林中。

飞翔能力很强,晚上在树上睡觉。欧洲在五百年前就曾有饲养。

○ 仔细看

正在飞行的火鸡。

● 火鸡的同类

豹纹火鸡(头)
Agriocharis ocellata
全长 85厘米

■袖珍动物辞典

火鸡

●鸟纲 ●鹑鸡目 ●火鸡科

火鸡的现生种有2种,裸出的颈部皮肤会变成赤色或青色。和雄类一样,脚上有距。家禽的火鸡是分布于北美洲到墨西哥的野生种,带入西班牙而改良出来的品种。

繁殖期以外,雌雄分别生活。行一雄多雌的共同生活,巢是用脚铲刮地面所做成的浅凹地,一窝可产8~15个蛋,蛋有褐色斑点。雌鸟孵蛋期约28天。

豹纹火鸡栖息在中美洲,眼睛周围有小小的赤色突起,尾羽有圆形的大斑纹,但喉咙没有大垂肉。

造冢鸟

[巢的构造]

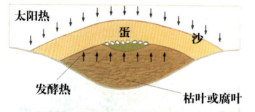

太阳热

蛋　　沙

发酵热

枯叶或腐叶

[巢的温度调节]

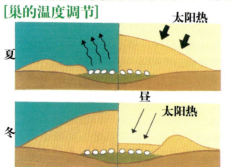

太阳热

夏　昼

太阳热

冬　太阳热

○ (上)在夏天，白天用沙遮盖，以减低日光的热度，晚上则除去沙放出热气。
(下)冬天则和夏天相反。白天沙层较薄，夜里较厚，使热气不会散发掉。

造冢鸟有什么特别的孵蛋法？

造冢鸟本身不能孵蛋，是借着热温而使蛋自己孵化。挖直径3米的大坑，在上铺一层枯叶，并下蛋于上面，用沙盖上，建造成一个大冢状的样子，卵借着冢内的叶子腐烂而发酵产生的热保温孵化。

雄鸟在作坑时，或加或减泥沙，而造成一个坑内能长久保持34℃的温度。

○ 雏鸟孵化出来，约2~15小时，会用自己的力量，爬出坑外并开始行走。

宝冠鸟 全长 95厘米
学名 *Crax rubra*

最能适应树上生活的雉类是哪一种?

宝冠鸟生活在中美洲和南美洲。比其他雉类更能适应树上的生活，巢也造在树上。

🔍 **仔细看**
鼓起的鼻子，到繁殖期会变得更大。

■**袖珍动物辞典**
造冢鸟·宝冠鸟

●鸟纲 ●鹑鸡目 ●分属于造冢鸟科及宝冠科
造冢鸟科有12种，分为造冢鸟类、草丛造冢鸟类、簇叶绶鸟类等7类；体形和鸡同样大，雌雄同色，为地栖性的鸟类，杂食性。通常一雄一雌配对，隔数日下蛋，平均达20个，60~90天会孵化。
草丛造冢鸟能保持所下蛋巢穴温度的稳定；这是一项令人惊异的工作，但这是雄鸟的工作；或许我们可以想像，它们用舌头测知温度的模样。
雄宝冠鸟的颈上有冠羽，杂食性，能在树上或地上觅食。逃走或睡觉时，会停在树上。

🔍 **仔细看**
雄宝冠鸟的气管很长，所以叫鸣声可以传播到很远的地方。

灰鹤

| 全长 | 雄 120厘米 |
| | 雌 113厘米 |

学名 *Grus grus*

[食物]

（禾本科植物）

（蛙）

（蚯蚓）

（蜥蜴）

（蝗虫类）

鹤有觅食的规律吗?

鹤生活在温润的草原或宽敞的平原，以植物性或动物性食物为食。通常一大早便集体从鸟窝出来觅食，而在傍晚时再回到自己的窝。

如今世界各地的鹤，数量已逐渐减少了。

鹤类的生活（灰鹤） 鹤类大部分行迁徙生活，有的能飞往三千米的高空。

仔细看

[鹤的舞姿]（灰鹤）

不只繁殖时，一年四季都能看到鹤的舞姿。

仔细看

腿弯曲筑巢而产卵。

仔细看

鹤的睡姿（灰鹤）。

仔细看

从卵孵化出来的幼鹤，马上就会走。羽毛在雏鸟时是淡茶色。

大鹤

丹顶鹤

美洲白鹤

白鹤

白头鹤

蓑羽鹤

白枕鹤

鹤的类缘种

羽衣鹤

白腰喇叭鸟

三斑鹑

拟鹤类

野雁

秧鸡类

拟秧鸡类

鳍足类

冠鹤

■袖珍动物辞典

鹤

● 鸟纲 ● 鹤目 ● 鹤科

鹤类的化石约在第三纪初期(约6500万年前)出现，所以至今已有很久的历史。

鹤科有14种，为栖地性鸟儿，不停栖在树上。雌雄差不多同色。雏鸟在孵化后不久，马上会离开巢穴，寿命在50~60岁间。是鸟类中属于长寿的。它们弯弯曲曲伸长的气管，能产生共鸣，使叫声传播远方。

秧鸡

全长 30厘米

学名 *Rallus aquaticus*

[食物]

（蚯蚓）

（虾类）

（田螺）

（蜗牛）

🔍 秧鸡只在夜晚行动吗?

它们在河流、湖泊附近或湿地等的繁茂草丛中，寂静地生活着。

几乎是夜行性，一遇危险马上跳进繁茂的草丛里，所以很少能看到它们的空中飞行，迁徙飞行时也在夜间。

脚有长趾，于湿地上行走十分方便。

🟢 仔细看

能用有长趾的脚，在湿地上行走自如。

🔸 秧鸡的栖所。

● 秧鸡的生活

● 也能在浮草上行走。

● 几乎以接触水面的姿态飞行；
能隐藏在草丛的后面。

巢筑在草丛中的泥
土上，用草茎堆叠
而造成。

● 卵

● 仔细看

秧鸡的雏鸟有
黑色羽毛。

● 各种的秧鸡类

野秧鸡

● 是在冲绳岛发现的新种；
鸟喙和脚呈红色，胸部有
白色线条的花纹。

冲绳秧鸡

非洲黑秧鸡

小翅秧鸡

红冠水鸡

■ 袖珍动物辞典

秧鸡

● 鸟纲 ● 鹤目 ● 秧鸡科

秧鸡科有130种，有各式各样的形态。一般是身体两侧较瘦薄，雌雄同色。

和鹤一样，出现在地球上的历史已经很久了。往前推源到第三纪初期(约6500万年前)。

很少群居，而较常单独生活，是陆栖性的野鸟，但也很会游水。

秧鸡一窝可下9~10个蛋，主要是由雌鸟孵蛋，有时雄鸟也会参与孵蛋，约20天就孵化。雏鸟发育很快，约8周就会飞。

红冠水鸡 全长 33厘米
学名 *Gallinula chloropus*

白冠鸡(头)
Fulica atra
全长 39厘米

❓ 红冠水鸡和白冠鸡谁游得快?

　　红冠水鸡或白冠鸡是秧鸡的同类,但却会潜水、游水,值得一提的是白冠鸡脚上有鳍,所以比红冠水鸡更会游水。

　　它们生活在水边水草繁茂的地方,但常会游到较宽阔的地方,寻找食物,而以植物性食物为主。

[食物]
各种的水草、螺、水栖昆虫。

🔘 仔细看
红冠水鸡的巢造在比水面高的地方。

红冠水鸡、白冠鸡的生活

○ 红冠水鸡和白冠鸡很会在水草上行走。

○ 潜入水时，用有蹼般的脚，能划水潜入。

红冠水鸡的同类

非洲红冠水鸡

凫秧鸡

美洲紫秧鸡

仔细看
凫秧鸡或紫秧鸡的脚趾比红冠水鸡更长，适于在水草上行走。能用脚趾抓东西。

仔细看
白冠鸡的脚趾有蹼。

○ 红冠水鸡的雏鸟。

○ 白冠鸡的雏鸟。

[新西兰红喙秧鸡]
有一阵子被认为是绝灭了，直至1948年再度被发现。生活在新西兰南部岛屿的一部分地区。

■袖珍动物辞典
红冠水鸡·白冠鸡

●鸟纲 ●鹤目 ●秧鸡科

秧鸡类从喙的上喙延长到额上，有美丽的颜色。有的额板也有漂亮的色彩；红冠水鸡、新西兰红喙秧鸡呈红色，白冠鸡则呈白色。

秧鸡类、水鸡类普通是独栖性，白冠鸡则喜欢群集生活。繁殖时雌雄成对共同建立地盘，由雄鸟造巢，雌鸟每窝可下5~10个蛋。孵蛋时间为3周，由雌雄鸟轮流。雏鸟约2个月就会飞翔。不会飞的新西兰红喙秧鸡，每窝可下4个蛋。

野雁

全长 雄100厘米
雌 80厘米

学名 *Otis tarda*

（雄）

仔细看

脚像鸵鸟，
适于快跑。

"陆上生活的鹤"是指哪种鸟类?

雄的野雁类又叫做"陆上生活的鹤"，颈及脚颇长，适于在荒地、旱田或草原上奔跑。

雄鸟向雌鸟求爱时，会鼓大喉颈，并做出倒反双翼的求偶行为。

[求偶行为]

（尾羽）

（倒立须羽）

（鼓大的喉囊）

（雄）

（翼）

翼和尾作反翻状。

首先，鼓大喉囊。

■袖珍动物辞典

野雁

● 鸟纲 ● 鹤目 ● 野雁科

野雁的身躯、体形和羽色很像雁，而颈和脚像鹤般长的野鸟。

野雁科有23种，雌雄异形，是杂食性野禽，主要以植物为食。不造巢而在地面的凹处产卵。一次产卵数与孵卵期依种类而不同；蛋每窝1~5个，而孵蛋期为20~30天，蛋呈茶色或绿色，上有斑点。只有雌鸟才孵蛋且负养育雏鸟的任务。

拟鹭 | 全长 45厘米
学名 *Eurypyga helias*

🟢 **仔细看**

拟鹭有非常显眼的黑、茶和白色等花纹的双翼，雄鸟常展开作求爱的动作。

美洲鳍足鸟 | 全长 30厘米
学名 *Heliornis falica*

🟢 **仔细看**

鳍足鸟像鹪鹩或白冠鸡，脚趾附有鳍，很会游水。

 拟鹭和鳍足鸟的共同点是什么？

拟鹭和鳍足鸟生活在中美洲、南美洲；是鹤的近缘鸟类。

脚短，而有细长的身躯。

■袖珍动物辞典

拟鹭

● 鸟纲 ● 鹤目 ● 拟鹭科

拟鹭为1科1属1种的鸟儿。生活在中美洲或南美洲北部的热带森林，以单独或成对方式栖息，吃昆虫或小鱼为生。双翼有类似蛇眼的斑点。

鳍足鸟

● 鸟纲 ● 鹤目 ● 鳍足科

鳍足科有3种，为身躯细长的水鸟。在陆地上也能跑得很快。主要吃昆虫，巢建造在树上，是警戒心很强的鸟类。

小环颈鸻 | 全长 16厘米
学名 *Charadrius dubius*

? **鸻是怎么走路的？**

鸻类和鹬类一样，是常在水边生活的鸟儿。大多栖在海边，但也有些是在离海很远的山湖活动。

常摇动尾巴一步一步走，或在水滨处走来走去以寻找食物。

(蜗牛)

(姬水虱)

(沙蚕类)

(贝类)

(海螳螂)

(野草的种子)

[食物]

● 鸻的生活

● 仔细看

小环颈鸻常在水边追逐着波浪，跑来跑去，有波浪打击来就避开，波浪后退就往前追跑。脚趾锯齿状，会留在沙滩上。

● 仔细看

小环颈鸻的口喙较短，所以只能挖取浅滩处的贝类吃。

● 仔细看

小环颈鸻的求偶姿态是张开双翅略作倒立状。

[小瓣鸻]

小瓣鸻是生活在旱田或草原上的大型鸻。它们会慢慢地振动翅膀而作平稳的飞翔。

● 仔细看

产在沙滩上巢穴中的蛋，和石头很相像。而且雏鸟的色彩和石头也很相像。

● 在敌人准备向雏鸟攻击时，它们的双亲会假装受伤的样子(上)。把敌人从巢中诱离后，再飞开逃逸(下)。

> **小瓣鸻**
> *Vanellus vanellus*
> 全长 30厘米

● 振翅飞行。

● 小瓣鸻常会利用直立式站姿，以避免被发现。

● 各种的鸻类

东方环颈鸻

环颈鸻

三黑环环颈鸻

灰斑鸻

（夏型）

（冬型）

小瑞鸻

（夏型）

（冬型）

欧洲黑胸鸻

翻石鹬

● 鸻的同类

水雉

蛎鸻

反嘴鹬

鳍足鹬

山鹬

彩鹬

■袖珍动物辞典

鸻

● 鸟纲 ● 鹬目 ● 鸻科

鸻科约有60种，大部分是雌雄同色。

小环颈鸻是此类中最小的鸟儿，眼睛周围有一轮金色，颈周围也有白色轮纹。一窝四个蛋，雌雄交替孵蛋约25天；孵化的雏鸟，和双亲一起飞离巢穴；约3~4周就会飞。

水雉

| 全长 50厘米
学名 *Hydrophasianus chirurgus*

● **仔细看**

水雉有很长的脚趾。

● **各种的水雉**

非洲水雉

黄翅水雉

南美冠水雉

水雉的脚有什么特别之处?

　　水雉类生活在沼泽或海岸，有很长的脚趾是它们的特征。水雉能用它的长脚在水莲或菱角的叶上来回找昆虫或螺类。

■袖珍动物辞典

水雉

● 鸟纲 ● 鹬目 ● 水雉科

水雉科有7种。它们的特征是有长的脚趾和直而伸长的爪；另有与红冠水鸡、秧鸡相似的地方。非洲水雉有青额板，南美冠水雉有红冠。水雉的翼角部有小突起。能飞行、潜水及游水。

巢用芦苇筑成，位于水草上。一窝可下四个蛋，雄鸟孵蛋期为22~24日。造巢、孵蛋及养育都是雄鸟。

鹬类

🔧 **鹬类最远会移栖到多远的地方？**

鹬类分布在全世界各地，是身体和脚都十分纤细的水鸟。鹬类大部分会移栖，尤其在北极地方产卵、育雏的鹬类，常会移栖到近半个地球远的长距离。

鹰斑鹬
Tringa glareola
全长 22厘米

鹤鹬
Tringa erythropus
全长 33厘米

赤足鹬
Tringa totanus
全长 27厘米

矶鹬
Tringa hypoleucos
全长 20厘米

（大蚊）

（虻）

（沙蚕）

（蟹类）

（蝇类）

（虾）

[食物]

● 鹬类的生活

● 鹬类有的能从遥远的北极地方移栖到南方的澳洲或非洲。在欧洲、北美洲、日本等地可看到南移而在半途旁靠的鹬鸟。

● 在寒冷地方的夏天，昆虫多，不愁没有育幼的饵食。

● 鹬类在休息时的姿态。

● 仔细看

[两种觅食方式]

鹬类中例如滨鹬(左)，常会把喙伸入沙中找寻食饵；而有些鹬类例如矶鹬(右)，则直接吸食。只有这两种觅食方式。

[鹬的同类、喙的长度和食物]

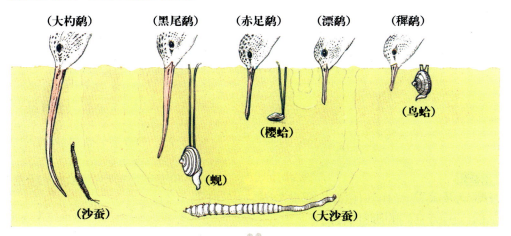

（大杓鹬）　（黑尾鹬）　（赤足鹬）　（漂鹬）　（稷鹬）

（樱蛤）

（鸟蛤）

（蚬）

（沙蚕）　　　　　（大沙蚕）

反嘴鹬

全长 43厘米

学名 *Recurvirostra avosetta*

● 仔细看

喙在上面，如疏浚般地捕饵；也有的是将喙伸入水底，找寻食物。

反嘴鹬和高跷鹬的名字是源于喙吗？

反嘴鹬及高跷鹬生活在沼泽地区。一如其名，具有向上弯曲且长的口喙。它们可用此喙摸搜水面，捕捉昆虫或其他小动物。

● 仔细看

反嘴鹬及高跷鹬和其他鹬及鹬类不同；因为它们的脚趾有蹼。

■袖珍动物辞典

反嘴鹬及高跷鹬

● 鸟纲 ● 鹬目 ● 反嘴鹬科

共有7种，其中有4种，喙向上弯曲。反嘴鹬及高跷鹬的羽毛是由黑、白两色组成。高跷鹬的脚稍短，通常作相当大的群体生活，但到繁殖期时，集团变小。

普通一窝可下4个蛋，抱卵期约24日，由雌雄鸟交替孵育。雏鸟出窝很早，但要独立生活则须数周的时间。

大杓鹬 全长 60厘米

学名 *Numenius arguata*

大杓鹬的体形排第几?

大杓鹬在鹬类中,体形仅次于黦鹬。它们生活在宽广的水滩。常悠然地用喙,伸入水底,以捕食蟹或螺类、贝类。

仔细看

大杓鹬的双亲,如遇雏鸟被侵袭时,也会假装受伤,而分散敌人对雏鸟的注意力,以借此保护幼鸟。

■袖珍动物辞典

大杓鹬

●鸟纲 ●鹬目 ●鹬科

大杓鹬有长而弯曲的喙,是大型的鹬鸟。雌雄同色,雌鸟的身体比较大。大杓鹬虽然身体大,但动作却很敏捷。它们是冬天会飞到非洲、印度、中国台湾或印尼的候鸟。巢造在地面的洼处并铺有枯草等。1窝可下3~4个蛋;雌雄鸟交替孵蛋,约30天。雏鸟孵化不久后便出窝活动,5~6周就会飞翔。

山鹬

学名 *Scolopax rusticola* ｜全长 34厘米

[食物]

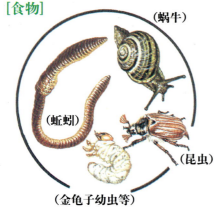

（蜗牛）

（蚯蚓）

（昆虫）

（金龟子幼虫等）

田鹬和山鹬分别生活在哪里？

鹬科的鸟儿中，生活在草原的潮湿地方的鹬类叫做田鹬，而栖息在森林的，就叫做山鹬。喙和其他鹬类一样，能插入软而湿的地面。

仔细看

山鹬的眼睛生在脸后，所以不必移动头部，就能看到整个方向。

仔细看

山鹬将喙插入土中，如触到蚯蚓，会用喙前端咬住，然后再拉出来。

山鹬与田鹬的生活

仔细看

山鹬(下)，田鹬(上)，都是作锯齿状飞行；而山鹬则画出较平缓的曲线。

如有人接近，往往会踏到身体它们才会飞走。

田鹬的求偶行为很可怕；它们往往飞上空中一百米高，发出鸣叫声后又急速下降。这种声音有如山羊的叫声，所以又叫做"飞跃的山羊"。

山鹬的同类

田鹬

欧洲大鹬

小鹬

■**袖珍动物辞典**

山鹬、田鹬

●鸟纲 ●鹬目 ●鹬科

山鹬、田鹬都是鹬科，啄长、脚短是它们的特征。白天在草丛或林中静憩不动，一直到傍晚才开始行动。繁殖期时，雄山鹬和雄田鹬一样，会飞上天空直叫，表演求爱行为，一窝可下3~4个蛋，孵蛋期约20天左右，雏鸟出生后马上会离巢，经过2~3周就会飞。造巢、孵蛋都是雌鸟的责任。

海鸥
全长 45厘米

学名 *Larus canus*

[食物]

（死鱼肉）

（鸟蛋）

（动物的尸体）

（吃剩的菜肴）

世界各地都有鸥吗？

鸥分布在全世界各地；生活在离开陆地不远之海岸附近的海岛上。同类的海鸥也在海岸附近生活，但食物、捕食法与鸥不同。

鸥的生活

● 被称为"海上的乌鸦"，经常嚣叫，不但在海上捕饵，连被舍弃在港口的鱼虾也会找来吃。

各种的鸥

姬鸥

象牙鸥

大黑背鸥

黑脊鸥

红嘴鸥

三趾鸥

● 巢造在岩棚或草地上。

鸥的类缘种类

贼鸥

剪嘴鸥

燕鸥

海雀

■袖珍动物辞典

鸥

● 鸟纲 ● 鹬目 ● 鸥科

鸥分为鸥亚科和燕鸥亚科，但约有半数是鸥类。鸥和燕鸥不同，为杂食性的。在空中、水上、地上都能自由行动，群集性强，繁殖亦以大团体举行，一般是一窝2~4个蛋，雌雄交替孵蛋，约3~4周孵化。

燕鸥

全长 35厘米

学名 *Sterna hirundo*

燕鸥和鸥有什么差异?

燕鸥是鸥的同类,但和鸥有点差异。它用比缓慢振翅而飞的鸥还要小的力量,振翅飞翔。有的燕鸥到海洋捕食食饵,有的燕鸥则在近处捕饵。

(小鱼)

[食物]

(甲壳类)

(昆虫)

[各种海鸟的体形]

水薙鸟　　　贼鸥　　　鸥　　　燕鸥

● 各种燕鸥类

红燕鸥

极燕鸥

乌领燕鸥

小燕鸥

黑端黑腹燕鸥

白燕鸥

● 燕鸥的生活

● **仔细看**

如发现水面附近有鱼儿，就停止飞行，倒立冲进水中捕捉。

● 生活在内陆的鸥类，会吃像蜻蜓类等会飞的昆虫。

● **仔细看**

雄鸟和雌鸟以鱼交接，是求偶的姿态之一。

● **仔细看**

蛋、雏鸟和巢周围的色彩很相似，能避开敌人，引开其注意力。

■袖珍动物辞典
燕鸥
● 鸟纲 ● 鹬目 ● 鸥科

鸥科中，燕鸥的体形比鸥稍小，喙尖，尾像燕子般分叉。不大浮在水面休息，不在水面上飞翔，这也和鸥不同。在地上的动作看起来十分笨拙。

能以很大的群集来繁殖，一窝可产1~3个蛋。而孵蛋是雌雄交替，雏鸟约21~22日孵化。

大贼鸥

全长 58厘米

学名 *Stercorarius skua*

[食物]

(老鼠)

(大型的海鸟)

(企鹅的雏鸟蛋)

(鱼)

(旅鼠)

❓ **贼鸥有什么坏名声?**

贼鸥不但自己捕鱼,并以抢夺其他海鸟所捕获的食物而出名。它们会咬住其他的鸟儿的尾或翼;或以身体作撞上其他鸟儿的讨厌动作,而抢劫猎物。

🔵 仔细看

贼鸥的喙比一般的鸥类更为锐利,是具有尖钩形喙的水禽。

(鸥)

(贼鸥)

各种的贼鸥

贼鸥

（暗色型）

（淡色型）

中贼鸥

长尾贼鸥

贼鸥的强抢法

● 仔细看

追逐并欺负鸥类，使其口中的猎物掉落，而迅速在空中接住。

○ 一面飞，一面抢鲣鸟的雏鸟。

○ 也常常抢企鹅的雏鸟。

■ 袖珍动物辞典

贼鸥

●鸟纲 ●鹬目 ●贼鸥科

贼鸥和鸥科、燕鸥科构成鸥亚目。有4种，全都是海鸟。大贼鸥的繁殖除了南北半球外，也在北半球的高纬度地带进行，并在热带地区越冬，它们会建立地盘，一窝大多两个蛋，雌雄鸟交替孵蛋。大贼鸥约28天孵化，其他种类约24天孵化。

海鸦(海鸟) 全长 44厘米
学名 *Uria aalge*

❓ 海鸦和企鹅像不像?

海鸦生活在北半球的北海,常在海上集群漂浮,或在岩棚作繁殖集团。在潜水捕食的时间多,有着适于此种生活的体形。

[食物]

(鱼)

(蟹)

(虾)

● 海鸦的生活

●**仔细看**

常在水上低飞，而一直潜入水中，继续挥动双翼，翼短而在水中推进力强。

●**仔细看**

蛋呈洋梨状，以圆形滚转而回到原处。

● 海鸦在冬天的形态。

● 在狭窄的岩棚上面下蛋及饲育雏鸟。

海鸦   皇帝企鹅

● 海鸦的捕食法和体形很像企鹅。

■袖珍动物辞典

海鸦

● 鸟纲 ● 海雀目 ● 海雀科

海雀科有22种。是一群双翼退化而不太会飞的水鸟。大海鸦在18世纪中期已灭绝。现存的都是腹部呈白色，头到背呈黑色，和企鹅很像。一窝一个蛋，蛋上有各式各样的颜色与斑纹；由雌雄鸟交替孵蛋，约四星期孵化。雏鸟从孵化后三星期还不大会飞时就出窝，能从断崖飞到海面，开始游水，并被双亲饲养。

海鸦的同类

（冬）

海鸽
*Cepphus
columba*
全长 37厘米

北极海鹦
*Fratercula
arctica*
全长 30厘米

大嘴海鸽
*Alca
torda*
全长 41厘米

姬海雀
*Plautus
alle*
全长 20厘米

须海雀
*Aethia
cristatella*
全长 24厘米

北极海鹦 全长 30厘米
学名 *Fratercula arctica*

❓ 离岸最远的水鸟是哪一种？

　　海鹦是生活在离岸最远地方的水鸟。除繁殖期外，大都在海上生活。有的时候仅为了寻找一条鱼，也会长途远离到遥远的海洋上。鸟喙大而美丽，非常显眼。能使用二只脚，并且站立得很好。

● 海鹦的同类

花魁鸟(头)
Lunda cirrhata
全长 37厘米

北极海鹦(头)

● 仔细看

海鹦类，在断崖的斜面挖横行的坑筑巢。

■ 袖珍动物辞典
海鹦

●鸟纲●海雀目●海雀科

海雀目只有海雀科1种。分为海鸽类、海鹦类及海雀类，共23种。以海雀类的体形最小。海鹦类共有4种，色彩鲜艳美丽的鸟喙是它们的特征。花魁鸟是"美丽的喙"的意思。海鹦每窝只产一个蛋，孵蛋期约为40~43天，由雌雄交替孵育。

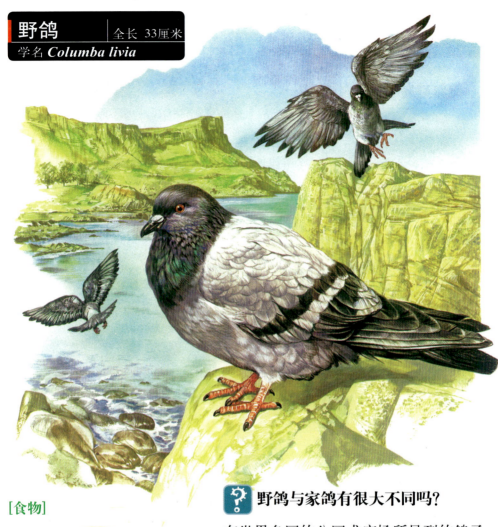

野鸽

全长 33厘米

学名 *Columba livia*

[食物]

（草的种子）

（谷物）

（豆）

（蜗牛）

（蚯蚓）

野鸽与家鸽有很大不同吗?

在世界各国的公园或广场所见到的鸽子，都是家鸽，但是，它们的原种却是野鸽。野鸽分布于海岸或山野荒地，就地啄食维生，与家鸽相似而不易分辨，其最大差异在于野鸽腰身呈白色，且翼上有两道黑线条。

仔细看

鸠鸽可借嘴形和其他鸟类区别，它的嘴巴根部有鼻瘤，嘴尖变曲且略鼓起。

野鸽的生活

野鸽筑巢在山崖的裂隙或洞坑内，以收集草根或小树枝而造成。

仔细看

到了繁殖期雄鸟鼓大颈子，头部上下晃动，以对雌鸟示爱，雌鸟若有意，则会将嘴放入雄的口中，做出求食状。

仔细看

雌雄一旦配成对，则终生不变，如有一方不幸而死亡，对方就用自己的脖子在死去的伴侣身上爱抚着，仿佛有无限的哀痛与眷恋。

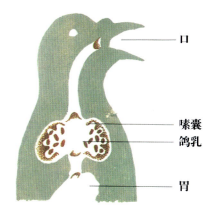

口

嗉囊
鸽乳

胃

雏鸟孵化快完成时，母鸟的嗉囊壁会剥落像乳酪的"鸽乳"，母鸟将此鸽乳和水一齐喂养雏鸟，因为不必喂食昆虫，所以鸽子一年之间可繁殖数回。

在公园或广场的家鸽，是经过驯养的野鸽，再予野生化。

传信鸽是从野鸽改良而来，每分钟可飞1公里。

[欧亚大陆的鸠鸽]

沙鸡

小金背鸠

小林鸽

项圈白鸠

金背鸠

林鸽

绿鸠

鸟鸠

[亚洲南部及澳洲的种类]

大绿鸠

蓝尾帝鸠

小绿鸠

红面鸠

翠翼鸠

黄腹鸠

蓑绿鸠

血心鸠

绿帝鸠

[美洲的鸠鸽]

哀鸠
Zenaidra nacroura
全长 30厘米

冠鸠
Goura cristata
全长 80厘米

渡渡鸟 | 全长110厘米
学名 *Raphus cucullatus*

你知道"逝者如渡渡"的谚语吗?

生于印度洋模里西斯群岛的渡渡鸟,是一种没有飞行能力的鸽子,由于当初人类大量捕食,在17世纪末已告灭绝。

渡渡鸟

● **经饲育而变种的鸽**

扇尾鸽

球胸鸽

毛领鸽

帛鸽

■ **袖珍动物辞典**

鸠鸽

● 鸟纲 ● 鸠鸽目 ● 鸠鸽科

鸠鸽目包括鸠鸽科、渡渡鸟科、沙鸡科,其中鸠鸽科广布于除了寒带、高山带以外的全世界各森林或草原区,约290种之多。具有圆头、短嘴和健壮的脚,特别是嘴可浸在水中喝水,与其他鸟类吮水方式截然不同;有些种类营群体生活。

雄鸟搬运筑巢材料,雌鸟建造巢穴,分工合作而完成,每巢两卵,由雌雄交替抱卵。野鸽约17~18天孵化。

143

小金背鸠 全长 26厘米

学名 *Streptopelia turtur*

[食物]

（杂草的种子）

❓ 金背鸠喜欢吃种子吗？

　　金背鸠是生活于田园或疏林边缘的一种美丽鸟类，在地上采饵，平常却栖于树上，"得得波波"地叫着。性喜以各种杂草的种子为食。

● 金背鸠和其他鸠鸽类一样，以鸽乳育幼。

● 鼓起颈子，做求爱的动作。

● 平常栖息在树上。

冠鸠
全长 80厘米
学名 *Goura cristata*

[食物]

（南洋浆果）

（香蕉）

（木瓜）

（阿檀）

❓ 冠鸠的体形像雉鸡吗？

　　冠鸠和维多利亚冠鸠均分布于新几内亚及其附近诸岛。为大型鸠鸽类，体形如雉鸡一般，以掉落在地上的水果维生。每遇到危险即栖于树上。

● 仔细看
这是一枝取自冠鸠头上的装饰羽。

● 仔细看
冠鸠和维多利亚冠鸠的脚具有花砖纹的鳞片，与其他鸠鸽不同。

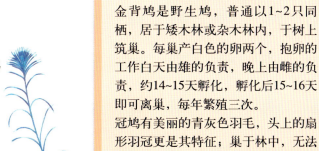

■ 袖珍动物辞典
金背鸠、冠鸠

● 鸟纲 ● 鸠鸽目 ● 鸠鸽科

金背鸠是野生鸠，普通以1~2只同栖，居于矮木林或杂木林内，于树上筑巢。每巢产白色的卵两个，抱卵的工作白天由雄的负责，晚上由雌的负责，约14~15天孵化，孵化后15~16天即可离巢，每年繁殖三次。

冠鸠有美丽的青灰色羽毛，头上的扇形羽冠更是其特征；巢于林中，无法长时间飞行，每巢约1~2卵，抱卵约28天孵化，35天后可离巢。

沙鸡 全长 43厘米
学名 *Syrrhaptes paradoxus*

[食物]
草的芽、根、种子及昆虫等

沙鸡非常喜欢喝水吗？

沙鸡是鸠鸽的同类，外形比鸽更像雉鸡，栖于沙漠或热带少雨的草原上，羽色具保护作用；每天早晚必于固定时间到水源处充分饮水，并润湿其羽毛。沙鸡的生活离不开水，故其栖处不可缺少水源。

● 仔细看

沙鸡的脚趾，前三趾的根部相接，后趾因退化而消失，足底呈鱼鳞状，脚部全为毛裹住，因而便于在沙或雪上行走。

● 沙鸡的生活

● 喝水时真可谓牛饮，往往一口气喝下35毫升而不抬头。

● 沙鸡可以利用腹部浸水，使水分吸入羽毛之中，其羽毛如海绵一般，可吸进多达40毫升的水分。

● 仔细看

沙鸡的幼稚体色和四周的沙一样，遇有危险，亲鸟会假装受伤的模样，转移敌人的注意力。

①

②

③

④

● 飞行时排成一行。

● 仔细看

回到巢中，腹部向着雏鸟或抱卵的雄鸟，给它们水喝(①~④)；雏鸟已会吸吮亲鸟羽毛上的水分。

● 各种沙鸡

帝王沙鸡
**Pterocles
orientalis**
全长 35厘米

黑喉沙鸡
**Pterocles
alchata**
全长 33厘米

■ 袖珍动物辞典
沙鸡

● 鸟纲 ● 鸠鸽目 ● 沙鸡科

沙鸡为鸠鸽目三科之一，共17种。嘴短如鸠，但是鼻子没有蜡膜；翼长，具优异的飞行能力，通常在地面行走，极少栖于树上；除繁殖期外，一般群栖生活，冬季时偶尔会大迁移。每次产卵2~3个，雄雌交替抱卵，约3~4周孵化。

杜鹃

（青虫）

（蛾等昆虫）

（毛虫）

[食物]

仔细看

有些雌鸟体色呈茶色。

❓ 杜鹃有什么样怪异的产卵方式?

杜鹃到了繁殖时期，便会飞往欧亚大陆，进行其怪异的产卵方式"托卵"，即自己不筑巢，而将卵产在其他鸟类的巢中，并由其代为育雏。

杜鹃

雀鹰

仔细看

杜鹃展翅飞行的姿态很像鹰，而且，腹部的花纹也极相似。

杜鹃的托卵

①5~6月从南方飞来，不断地以鹰的飞行姿态恐吓其他鸟类。

②其他鸟类误以为鹰来袭，匆匆离巢，杜鹃便侵占其巢，然后衔走巢中一个原有的卵，再产下一个。

③杜鹃的卵约10~12天后孵化，是巢中最先孵化的卵。

④孵化后1~2天，雏鸟开始将巢中的东西挪到背上，再用双脚支撑着推出巢外。

⑤养父母不停地运饵饲喂杜鹃的雏鸟，雏鸟约过3个星期便已长得像巢一般大。

⑥最后，巢终于无法容身，便移居树枝上，养父母喂饵时只得站在雏鸟身上。

（杜鹃的养父母红尾伯劳）

（红尾伯劳的卵）（杜鹃的卵）

仔细看

杜鹃的卵与其体形相较之下显得极小，但是和养父母所产下的卵却一模一样，无论大小、颜色或形状都难以分辨，所以连养父母也不觉得有异。

杜鹃

149

● 各种杜鹃的养父母

○ 仔细看

左边是养父母的卵，右边是杜鹃类的卵。

红尾鸲

大苇莺

欧亚鸲

白喉鸲

柳莺

黄鹡鸰

鹪鹩

○ 仔细看

杜鹃类的脚趾分为前两趾后两趾，是属于极便于攀树的脚，但杜鹃却不攀树。

● 杜鹃的同类

急驰鸟

尖帽鸟

马达加斯加杜鹃

150

杜鹃的同类及其养父母

仔细看

左边是养父母的卵，右边是杜鹃类的卵。

筒鸟

冠羽柳莺

棕腹杜鹃

蓝喉鸲

小杜鹃

褐头鹪莺

鬼郭公

翡翠杜鹃

黄嘴杜鹃

大斑郭公

喜鹊

■袖珍动物辞典

杜鹃

●鸟纲 ●杜鹃目 ●杜鹃科

杜鹃目由杜鹃科和尖帽鸟科所构成，其中杜鹃科共125种，约有三分一具托卵的特性。大多在高原地带进行繁殖，其产卵期与卵的大小、颜色均会配合养父母而调整。雏鸟在孵化后1~2天，即会将身旁的卵或其他雏卵抛出巢外；但鬼郭公或大斑郭公的幼雏并不会排斥养父母的卵或雏，而和它们一同成长，并且羽色与其他郭公不同，反而与养父母相似。

南非尖帽鸟 | 全长 45厘米
学名 *Tauraco corythaix*

[食物]

（香蕉）

（种子）

（田螺）

（无花果）

❓ 尖帽鸟的脚趾有什么特别之处?

　　尖帽鸟住在非洲半草原沙漠以南的密林中，通常不栖于地上，可像松鼠一样，敏捷地在树枝上奔跑、跳跃，并且爬上爬下，因此，其4只脚趾中，最外边的一只可向前向后自由地转动。

🔵 仔细看

翼上具有一种红色色素，易溶于碱性液体内，但在一般水中却不溶解。

■袖珍动物辞典

尖帽鸟

●鸟纲 ●杜鹃目 ●尖帽鸟科

尖帽鸟科约有18种，各种都具有不同形状或颜色的冠羽，其中以具绿色光彩的冠羽和羽毛的，最为美丽夺目。

每巢2～3卵，由雌雄交替抱卵，约18天孵化。

急驰鸟

全长 58厘米

学名 *Geococcyx californianus*

[食物]

（昆虫）

（蛇）

（蜥蜴）

急驰鸟是跑步高手吗?

急驰鸟分布于美洲大陆，为生活于地上的杜鹃类，脚很长，是飞跑的能手；没有杜鹃的托卵习性，老老实实地造巢，自己抱卵孵育。

● **仔细看**

奔跑时用长尾羽及圆而小的双翼维持平衡，时速16~24公里。

■袖珍动物辞典

急驰鸟

●鸟纲 ●杜鹃目 ●杜鹃科

杜鹃科急驰鸟亚约有13种，拙于飞行，且亦极少飞行。

在半沙漠地带往往单独生活，但到了繁殖期会成对地生活，而在低木林的矮树枝上造巢。每巢产卵3~6个，雌雄交替抱卵，抱卵期为17~18天，约一个月离巢。

捉到猎物后，衔着在地上摔打数次，然后整个吞下。

金刚鹦鹉 全长 78~90厘米

学名 *Ara macao*

住在热带的鹦鹉大部分在树上生活，具有大而强壮的嘴喙。其脚具有对趾，即各两趾。

金刚鹦鹉早上从巢中一对一对地飞出，在枯木上集合，然后成群外出找食物；傍晚时又在枯木上集合，再各自回巢。

金刚鹦鹉的生活

仔细看

吃坚硬的树实时，用脚抓至口边，再用喙咬破吞食。

仔细看

常用喙拉裂树皮或朽木，捕食天牛的幼虫。

[食物]

各种树实

有时吃海岸上盐分多的泥土。

利用嘴巴攀着树枝行走。

雌雄常成对亲密地在一块儿生活。

金刚鹦鹉的天敌是大冠鹫。

155

各种鹦鹉

[南北美洲的种类]

琉璃金刚鹦鹉

紫金刚鹦鹉

红金刚鹦鹉

卡洛林鹦鹉

金墨西哥鹦鹉

绿金刚鹦鹉

黄额帽鹦鹉

[澳洲及新西兰的种类]

玫瑰冠鹦鹉

大黄冠鹦鹉

椰子鹦鹉

轮冠鹦鹉

红冠鹦鹉

156

[非洲的种类]

牡丹鹦鹉

黄领牡丹鹦鹉

非洲颈环鹦鹉　红额青头鹦鹉

红脸牡丹鹦鹉

灰鹦鹉

[亚洲南部与大洋洲的种类]

极乐鹦鹉　　小黄鹦鹉

红胸草鹦鹉

欧嘉美鹦鹉

喜峰黑头鹦鹉

红胸罗莉鹦鹉

鸮鹦鹉

雉鹦鹉

深山鹦鹉

■袖珍动物辞典

鹦鹉

●鸟纲 ●鹦鹉目 ●鹦鹉科

鹦鹉目只有1科，其中包括320种以上，均具有猛禽类一般锐利且坚固的喙；羽毛极美，尤其巨型金刚鹦鹉更是色彩丰富。记忆力好，能巧妙地使用舌头，模仿人语惟妙惟肖。一般过群栖生活，雌雄成对，终身不变。每巢产卵2~3个，卵白而圆，通常由雌鸟抱卵，约16~18天孵化。

● 行动怪异的鹦鹉

椰子鹦鹉

分布于澳洲的椰子鹦鹉，能把须用铁槌才能敲破的坚硬椰子，用其喙轻易地凿洞，再用汤匙一般的舌头吸汁。

[食物]　（可可椰子）

（露兜果）　　　（东南亚椰子）

分布于澳洲的黑鹦鹉，有一面走，一面折断树枝的习性，那些与树枝一齐落下的叶子，在不下雨的时期成为绵羊的主食，因此经常可见绵羊紧随着黑鹦鹉行动。

黄耳黑鹦鹉

灰鹦鹉

灰鹦鹉是鹦鹉类中最会模仿声音的。它能模仿密林中各种鸟的叫声。经驯养后，会做握手、鞠躬等对周围表示好感的动作。

青额挂鹦鹉

住在马来西亚或其附近岛屿的青额挂鹦鹉，采取食物或睡觉时会紧紧地抓住树枝垂挂在树上，其体色与周围树叶颜色相类似，而有保护作用。

鸮鹦鹉

住在新西兰的鸮鹦鹉已成为濒临灭绝的国际保护鸟。在鸮鹦鹉走过的小道上经常可见到类似小白球的东西，那是它们拔食树下的草，吸吮草汁再弄成圆状吐出的残渣。

深山鹦鹉有"杀羊者"的外号，因其有时候会袭击羊的幼儿，但这只是部分惯于捡食人们抛弃的羊肉片者而已，大部分则和南方深山鹦鹉一样，喜食花蜜。

深山鹦鹉

南方深山鹦鹉

灰林鸮

全长 40 厘米

学名 *Strix aluco*

"夜晚的猎人"是谁的称号?

如果说鹫或鹰是白天的猎人,那么鸮便是夜晚的猎人,以夜间行动之野鼠等小型哺乳动物为主食。眼睛大,耳朵也发达,因而在漆黑中也能正确地逮住猎物。

● **仔细看**

鸮的两眼接近,像人类一样均于正面脸盘上,故看东西呈立体形像;头可转180度,所以四面八方一览无遗。

● 雏鸟全身披覆着绒毛。

鸮的生活

鸮以小型的哺乳动物为主食，发现猎物即飞扑而下，其翼如棉花一般柔软，以致行动毫无一点声息。

[食物]

（鼹鼠）

（各种老鼠）　（昆虫）

（鸟雀等）

（兔）

（松鼠）

在树上的洞穴筑巢。

白天时，有些小鸟群会攻击熟睡中的鸮，这种行为就叫"聚众滋事"。

晚上到小鸟睡觉休息的树丛中用翼拍打，捕捉因受惊而飞出的小鸟。

■袖珍动物辞典

鸮

●鸟纲 ●鸱鸮目 ●鸱鸮科

鸱鸮科和草鸮科构成鸱鸮目，约130种。在夏天夜晚常听见到"嚯嚯"声，即出自褐鹰鸮。角鸮的叫声听起来极像佛法僧的叫声，使人经常弄混。

它们往往独栖，通常一年繁殖一次，在欧洲常见的鸮每次产2~4卵，隔一天生一卵，28天孵化，雌雄协力养育幼雏。

雪鸮 全长60厘米
学名 *Nyctea scandiaca*

[食物]

（旅鼠）

（雷鸟）

（畑鼠）

（雪兔）

（北极狐之幼儿）

○ 飞行姿态像鹫。

仔细看

依孵化的顺序，
雏鸟的体形大小
也不同。

？没有敌人的鸟类是哪一种？

　　雪鸮分布于北极严寒区，雄的全身雪白，雌的有条纹。最爱吃鼠类中的旅鼠，除人类外，几乎没有令其畏惧的敌人。

■袖珍动物辞典

雪鸮

●鸟纲 ●鸮形目 ●鸱鸮科

雌雄异色，且在白天也猎食，这在鸱鸮类中是极少见的。通常成对或单独生活，旅鼠为其主食；利用地面凹处为巢，每次产卵5~8个，由雌鸟孵卵32~34天，雄的则负责搬运食物，保护地盘。

仓鸮

全长
36~51厘米

学名 *Tyto alba*

❓ 决不迁居的鸟类是哪一种?

仓鸮比一般鸮的腿更细长，眼睛也较小，在漆黑的地方也能捕食，终生栖于废屋或贮藏室内，决不会迁居。

🔸 在傍晚、黎明或夜里捕食。

🔸 雏鸟和成鸟一样，喜食老鼠。将获物整个吞下，而吐出不易消化的毛或骨，在它们营巢的建筑物周围，经常会见到这些废物。

（废物）

■袖珍动物辞典

仓鸮

● 鸟纲 ● 鸮形目 ● 草鸮科

草鸮科约有10种，在欧洲的古城中经常可见到仓鸮，其脸呈心形，和鸮不同，每巢4~7卵，雌鸟抱卵约35天，其间由雄鸟搬运食物。

欧洲夜鹰 | 全长 29 厘米
学名 *Caprimulgus europaeus*

（蛾）

（甲虫）

（蚊子）

[食物]

夜鹰的哪个部位退化了？

夜鹰在黎明或傍晚时活动，白天则静静地停留在地面或树枝上，通常栖息于明亮的森林中较宽敞处，脚退化，小而无力，但飞行能力极强，羽毛柔软且无羽音。

🟢 仔细看

夜鹰的喙能向两侧扩张，而且，长有硬毛，所以能很顺利地捉住飞行的昆虫。

🟠 一面飞行一面捕食昆虫的夜鹰。

夜鹰的生活

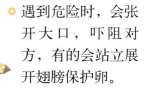

遇到危险时，会张开大口，吓阻对方，有的会站立展开翅膀保护卵。

和树枝平行地落脚，静静地歇息，或等待飞来的昆虫，加以捕食。

（卵）

（雏鸟）

伪装成树枝或受伤的模样，以蒙骗敌人。

各种夜鹰

燕尾夜鹰

南非夜鹰

球拍夜鹰

美东夜鹰

美西夜鹰

■袖珍动物辞典

夜鹰

●鸟纲 ●夜鹰目 ●夜鹰科

夜鹰目是接近鸮的鸟类，也属傍晚活动白天静止的夜行性；住在北方的会迁移；其最大特征为羽色与树皮或栖息处相似，故而不显眼；单独或成对生活，不造巢而于地面产卵，欧洲夜鹰每年5月和7月产卵两次，每次2卵，主要由雌鸟负责抱卵，卵约17天孵化，雏鸟1个月左右可独立。

油夜鹰 | 全长45厘米

学名 *Steatornis caripensis*

（椰子果实）

（月桂之果实）

[食物]

夜鹰的同类

树夜鹰

蛙嘴夜鹰

鸮夜鹰

夜鹰同蝙蝠的生活像吗？

油夜鹰是夜鹰类中唯一以树实为主食，且又完全夜行性的种类，生活在南美洲的洞窟深处，白天栖息于漆黑的洞窟岩棚中，傍晚则外出活动，并时时发出尖锐的叫声。

脚软弱，常停栖在岩上或崖边，终生过着蝙蝠般的生活。

● 油夜鹰的生活

● 有时为求偶而飞到80公里外的地方。如果发现果实即迅速振翅，停在空中，把果实揪下吞食。

大洋洲蛙嘴夜鹰 全长 50厘米
学名 *Podargus strigoides*

● 白天在漆黑的洞窟内之岩棚下休息。

❓ 蛙嘴夜鹰会被误认为花朵吗？

白天栖息于树枝上，夜晚则外出捕食蝗虫，睡觉时看起来像树枝；嘴巴张开时大而黄，有些昆虫往往误认为是花朵，便飞了进去。

● 油夜鹰可利用自己吱吱叫声的回音，测定自己所在的位置，因此，即使在漆黑的地方也能够飞行，但它们不像蝙蝠一般，采用超音波的飞行方式。

● **仔细看**

油夜鹰的雏鸟往往可长至成鸟的一倍半。

> ■ 袖珍动物辞典
> ### 油夜鹰
> ● 鸟纲 ● 夜鹰目 ● 油夜鹰科
> 油夜鹰的巢穴在洞窟的壁上，用吐出的果肉、种子和粪筑成，每次产2~4卵，雌雄交替抱卵33天，以果实喂雏，100多天离巢。产地的人们常由已过70天的雏鸟身上采取良质的油脂，因而得名。

翡翠咬鹃 全长 36厘米
学名 *Pharomachrus mocinno*

哪种咬鹃被作为国鸟？

咬鹃类有很薄且易脆的皮肤，羽毛柔软，通常静栖于树枝上，但捕食时却能振翅停于半空中。其中翡翠咬鹃是危地马拉的国鸟。

[食物]

（昆虫）

（树实）

（两栖类）

○ 咬鹃飞行时，可静止于空中。

■袖珍动物辞典
咬鹃

●鸟纲 ●咬鹃目 ●咬鹃科

为一目一科约35种，均产于热带，在森林中各自过独栖生活。雌雄异色，雄的具美丽的羽色，每次产卵2~4个，抱卵约18天，孵化后半个月~1个月可离巢。依种类的不同，从筑巢到繁殖的活动也各不相同，但均是雌雄分工合作，协力完成。

○ 像啄木鸟一样，把巢筑在树洞中，并且以啄木鸟的姿态，停栖在树干上。

青领鼠鸟 | 全长 33厘米
学名 *Colius macrourus*

[食物]

（树芽）

（草芽）

（昆虫）

（树实）

❓ 只有在非洲才有鼠鸟吗?

　　鼠鸟仅分布于非洲，在森林中过着群栖生活。往往腹部在树枝上摩擦着，并且隐身在树叶后面，像老鼠一样地在树枝上攀爬着，寻找食物，也有像白颊山雀一样头向下吊，啄食树果。

红脸鼠鸟
Colius indicus
全长 30厘米

🟢 **仔细看**

睡觉时头上尾下吊在树上，通常2~8只相偎而眠。

■**袖珍动物辞典**

鼠鸟

● 鸟纲 ● 鼠鸟目 ● 鼠鸟科

鼠鸟目包括1科1属6种，头上有冠羽、尾巴长，四只脚趾排列整齐，可向前后自由活动，所以可在树上行动自如。

雌雄合力巢筑于树丛中，每次产2~4个白色卵，雌雄交替抱卵，约两周孵化，雏鸟3周后离巢。

欧洲雨燕 全长 20厘米
学名 *Apus apus*

[食物]

（蝇或虻）

（蚊子）

（蛾）

[各种鸟的飞行姿势]

（雨燕）

（燕）

（夜鹰）

（隼）

❓ 飞得最快的鸟是哪一种？

　　大概迄今尚无一种鸟的飞行能力能超过雨燕，其时速达200公里，能一面飞行一面捕食，且可冒雨收集筑巢的材料，有的甚至边飞边睡觉哩！

　　其外形和燕相近，但比燕更像蜂鸟，其特征在于拥有比燕更长的双翅。

🟢 **仔细看**

雨燕的喙部和夜鹰相似，能向两侧张开，所以可一面飞行一面捕食昆虫。

● 雨燕的生活

通常雨燕于一天时间中都在飞行，偶尔休息时，便用爪钩在崖或壁上。

● 能一面飞行一面喝水，并可在雨中飞行。

● 可将任何在空中飘荡的东西，拾回筑巢，它们利用这些材料以唾液黏在崖壁上而成巢。到了繁殖期，其唾液分泌量比平常更多。

● 雨燕能在飞行中，借着数秒钟的睡眠而达到休息，并且，它飞得极高，据说，飞机驾驶员曾在数千米的高空上看过它，横过月面飞翔着。

● 在大雨或暴风雨来临时，因捕不到食物，便在崖壁处群栖而眠，这时，它们像冬眠一样地降低体温，防止浪费热量。

■袖珍动物辞典

雨燕

● 鸟纲 ● 雨燕目 ● 雨燕科

雨燕目有3科，其中雨燕科约70种。除北极圈外，世界各地均可见，但大多居住于昆虫较多的热带区域，营群栖生活。雌雄异色，具有能高速飞行的镰刀形双翼，以及能操作翼的特殊骨骼。欧洲雨燕在冬天会成群飞往非洲和印度。卵细长，每次产2卵，雌雄交替抱卵20天，并协力育雏。

红喉蜂鸟 | 全长 8厘米

学名 *Archilocus colubris*

[飞法]

能马上向上飞

也能后退

向前方突进

也能下降

（花蜜）

（花虻）

（蜂）

（蜘蛛）

[食物]

● 蜂鸟和别的鸟不同，上膊骨和尺骨短小，所以能每秒振翅50~80次。

最小的鸟类是哪一种？

蜂鸟是鸟类中最小的一种，因能飞到半空中静止不动而出名，其振翅速度极快，非肉眼所能看清楚，仅能听到一阵"嗡嗡"声，英文称之为蜂鸟，即因而得名。

在鸟类中，蜂鸟不但种类多，而且，羽色都十分美丽，花蜜是它们最喜爱的食物，因而有传播花粉的功劳。

蜂鸟的生活

剑嘴蜂鸟

针嘴蜂鸟

镰嘴蜂鸟

弓嘴蜂鸟

○ **仔细看**

并不是以嘴吸吮花蜜，而以喙之前端迅速地伸出舌头，舔食花蜜。

○ 蜂鸟类有各自喜欢的固定花种，也因而长成各种符合花型的长嘴。

○ 附在蜂鸟头上的花粉，会被运到别的花朵上。

○ 红喉蜂鸟能以50公里的时速，一口气飞越800公里的墨西哥湾，飞越之前，体重会增加1.5倍。

○ 将蜘蛛丝或苔藓，以唾液黏在小树枝上筑巢，每筑一巢便精力耗尽，如果当时食饵不足，便像冬眠一般昏昏睡去。

侏儒蜂鸟 | 全长 6厘米
学名 *Mellisuga helenae*

○ 侏儒蜂鸟是世界上最小的鸟，全长6厘米，体重约2克。

○ 侏儒蜂鸟的巢。

■袖珍动物辞典

蜂鸟

● 鸟纲 ● 雨燕目 ● 蜂鸟科

蜂鸟约有320种，其翼部的骨骼构造与雨燕目的雨燕科相同，并且一样的具有能上下振翅的发达肌肉，及大的龙骨突起，因而它们也拥有特殊的飞行能力。属昼行性，喜欢明亮的地方，通常过单独生活。

一般雌雄异色，行一夫多妻制。从造巢到2~3周的抱卵，以及3周内的养育，都由雌鸟负责。红喉蜂鸟每次产2卵，抱卵16天，雏鸟约20天后独立。

西佛法僧 | 全长 30厘米

学名 *Coracias garrula*

[食物]

(蜻蜓)

(蝉)

(蛾、蝴蝶)

(蝗虫)

🟢 **仔细看**

佛法僧和它的同类，其第三脚趾和第四脚趾连在一起，极易于抓住树枝，但却不便在地上行走。

❓ **西佛法僧的嘴巴很特殊吗？**

佛法僧类中的西佛法僧，是种美丽的青色鸟类，和身体相较之下，头部显得稍大。嘴巴大而坚固，所以其他鸟类不喜欢的独角仙、金龟子等，都成了它们常吃的食物；往往栖息在枯枝、电线杆或椿子上，等待昆虫飞来，如捕获猎物，便携回原来的位置，杀死后再吞食。

西佛法僧在冬天时，会从欧洲移往非洲南部的草原。

● 西佛法僧的生活

● 仔细看

在空中飞行时，或翻筋斗，或迅速地飞上飞下，宛如美妙的特技表演。

● 筑巢在10~15米高的大树洞内，抱卵期间性情凶暴，遇有接近者立即驱逐之。

● 仔细看

翼会上下大幅度地振动，两翅尖端仿佛要相碰，因而看起来飞得很慢。

● 各种佛法僧

紫胸佛法僧

佛法僧

杜鹃佛法僧

地佛法僧

■ 袖珍动物辞典

佛法僧

● 鸟纲 ● 佛法僧目 ● 佛法僧科

佛法僧目有9科，其中佛法僧科包括16种，都是雌雄同色，羽色极美，通常独栖于树上。欧洲的西佛法僧属于候鸟，每次产卵4~5个，呈白色，雌雄交替抱卵约18天，孵化后之雏鸟3~4周可离巢。分布于日本、印度到大洋洲的佛法僧，抱卵期间约22天，均由雌鸟负责，但育雏则由雌雄协力。

欧洲蜂虎 全长 28厘米
学名 *Merops apiaster*

[食物]

（各种蜂）

（蜻蜓等昆虫）

● 仔细看

蜂虎的脚。

❓ **蜂虎喜欢吃蜂吗？**

　　蜂虎是佛法僧的同类，体形更漂亮，且羽色更为丰富，繁殖期在砂地或黏土堤防上，过集体繁殖生活，但不会认错自己的巢；习性有如其名，喜食蜂。

欧洲蜂虎的生活

● 仔细看

利用喙部咬住蜂的身躯，并将其头部向树枝敲打(左)，改为咬住身躯的前端，然后在树枝上轻轻擦拭后吞食之，便不至于刺到。

● 有些也像佛法僧一样地等候捕饵，但通常只追捕昆虫。

● 在空中飞来飞去的蜂虎，有时会在野火上盘桓，等待捕食昆虫。

● 有时瞄准水中的昆虫或甲壳类，然后跃入捕捉。

各种蜂虎

红蜂虎

红喉蜂虎

绿蜂虎

■袖珍动物辞典
蜂虎

● 鸟纲 ● 佛法僧目 ● 蜂虎科

蜂虎科有24种，主要分布于热带地方，通常过群栖生活。欧洲蜂虎雌雄协助筑巢，每次产4~10个白色卵，相互交替抱卵约20天，雏鸟3~4周即可离巢。

翡翠

全长 17厘米

学名 *Alcedo atthis*

[食物]

（蜗牛）

（鱼）

（虾）

（蟹）

仔细看

脚的前三趾根部相连，所以不善于在地上行走。

● 一般的翡翠(左)和大型的笑翡翠(右)。

翡翠是美丽的单身鸟类吗？

在河川的岸边或池塘边，经常盯着瞧水面的美丽鸟类，通常是单身守着自己的地盘生活，拥有数个狩猎场。飞行时摆动着短翅，以一直线水平飞行；有少数是候鸟，具迁移性。

● 翡翠的生活

① ② ③ ④ ⑤

● 如发现水中的鱼时①，便一头跳入水中②，叼着鱼回来③，用力把鱼摔打在树枝上致死④再往空中一抛，对准叼住，并吞入腹中⑤。

[住在森林之种类的食物]

(蛇) (鼠) (泽蟹) (蛙) (蜥蜴) (昆虫)

● 住在森林中的种类，以守株待兔的方式，捕食鱼以外的一切小动物。

● 有时在空中稍作静止，然后一头栽入水中捕鱼。

● 以水平一直线的方式飞行。

■袖珍动物辞典

翡翠

● 鸟纲 ● 佛法僧目 ● 翡翠科

翡翠科约有90种，都是大头、长嘴、短尾的体形，雌雄同色，羽色鲜明。分布于欧洲的翡翠每到繁殖期，雌雄协力筑巢，需费时1~2周，每次产6~7个白而圆的卵，雌雄交替抱卵21天，雏鸟3~4周后离巢。

大洋洲的笑翡翠，其叫声十分奇妙，仿佛人的笑声，因而得名。通常利用树洞为巢，每次产2~4个卵，抱卵期25天，是捕蛇高手。

在堤防挖50~100厘米的长坑筑巢，尽量造得很宽，鱼的鳞片或骨头等不易消化而吐出的废物，都是它们筑巢的材料。

● 卵

● **翡翠的种类**

赤翡翠

笑翡翠

长尾翡翠

吃蚯蚓翡翠

苍翡翠

马达加斯加小翡翠

胸带翡翠

小斑翡翠

灰头翡翠

亚马逊翡翠

拟蜂虎 | 全长 40厘米
学名 *Momotus momota*

拟翡翠 | 全长 10厘米
学名 *Todus todus*

🔍 **仔细看**

拟蜂虎的喙部边缘呈锯齿状，因而容易捕食昆虫。

[食物] (两栖类) (昆虫)

❓ 拟蜂虎的尾羽像不像球拍?

拟蜂虎的中央尾羽像球拍，分布于热带雨林深处，可于树上栖息数小时静候昆虫飞来。捕获昆虫后即飞回原处，将昆虫在树枝上拍打致死，然后吞食。

❓ 哪里有拟翡翠?

只住在加勒比海的大安地列斯群岛，与翡翠鸟近缘，栖于树枝前端，等候昆虫出现再予捕食。

(甲虫)　(蜂)　**[食物]**

🔶 **袖珍动物辞典**

拟蜂虎

●鸟纲 ●佛法僧目 ●拟蜂虎科

拟蜂虎科有8种，脚是合趾足；通常单独或成对生活，在堤防或崖上挖横穴为巢。每次产3~4个白色的卵。雌雄交替抱卵约21~22天，雏鸟4~5周后便能飞。

拟翡翠

●鸟纲 ●佛法僧目 ●拟翡翠科

拟翡翠是拟蜂虎的近缘，有5种，在地上挖穴为巢，除知其每次可产2~3个白色卵外，其他繁殖习性尚未清楚。

大犀鸟
全长120厘米

学名 *Buceros bicornis*

犀鸟的喙部很重吗?

犀鸟为佛法僧的同类,喙部长又大,极发达,上面依种类而有各种大突起,乍见仿佛很重,其实里面轻如海绵。通常栖于树枝上,振翅而飞时,声音传得极远。

一般分布于亚洲或非洲的热带,在美洲大陆产有极相似的大嘴鸟。

大嘴鸟

犀鸟

[鸟喙的差别]

[食物]

(水果)

(昆虫)

(蛇)

(蜥蜴)

犀鸟的生活

仔细看

犀鸟先将水果或昆虫往上抛，然后昂头接住，吞入口中。

喙部上下缘有锯齿，容易叼住食物。

仔细看

鸟喙上有突起，里面像海绵一样，充满了空气。

各种犀鸟

红嘴犀鸟

红盔犀鸟

地犀鸟

鸣犀鸟

金瘤犀鸟

巢筑于树洞，雌鸟在里面利用雄鸟运来的泥土堵住入口，只留下一个小洞。

仔细看

在巢中将尾巴贴向背部而坐。

■袖珍动物辞典

犀鸟

●鸟纲 ●佛法僧目 ●犀鸟科

犀鸟科约有45种，雌雄的羽毛几近同色，通常成对生活，亦有营群栖生活者；每次产3~5卵，大型犀鸟则1~2卵，1~2个月孵化。仅分布于草原区的地犀鸟属地栖性，繁殖期并不堵塞巢穴，仍在地上采饵，但却栖息于树上。

戴胜

全长 30厘米

学名 *Upupa epops*

[食物]

（昆虫的幼虫）

（蜘蛛）

（蛹）

（蚯蚓）

○ 仔细看

头上的冠通常不竖立；向下弯曲的喙也是其特征。

? 戴胜曾极受尊敬吗?

戴胜的头上有美丽的冠。受惊或兴奋的时候，便像扇子般展开。

繁殖期会发出"呼哺！呼哺"的怪声。

在古代希腊时期曾极受尊敬，曾被当做象形文字。

● 戴胜有时筑巢于树洞或砖隙，巢极臭，这是因为里面堆着雏鸟的粪便，以及雏鸟和雌鸟身上所产生的强烈油脂味混合而成。

森林戴胜 全长 30厘米

学名 *Phoeniculus purpureus*

[食物]

（绿椿象）

（蚂蚁）

（白蚁）

（昆虫的幼虫）

森林戴胜的巢也很臭吗？

　　森林戴胜为介于戴胜和犀鸟的中间型鸟类，分布于稀疏的森林或草原，通常生活于树上，像䴕一样能爬树干。以吸木鸟的旧巢作为自己的巢穴，但和戴胜的巢一样，具有一般冲鼻的臭味。

● 其巢穴为树洞或吸木鸟的旧巢。

■袖珍动物辞典

戴胜

●鸟纲 ●佛法僧目 ●戴胜科

戴胜科为一属一种，雌雄同色，喙部向下弯曲，通常单独生活；每次产5~6卵，由雌鸟抱卵，约18天孵化，雏鸟3~4周即可离巢，在温带繁殖，属候鸟。

森林戴胜

●鸟纲 ●佛法僧目 ●森林戴胜科

森林戴胜有8种，为雌雄同色，以小群体栖于树上，每次产3~5卵，由雌鸟抱卵，雄鸟觅食。

大斑啄木鸟 | 全长 23厘米
学名 *Dendrocopos major*

哪种鸟类有着最适合过树干生活的体形?

　　啄木鸟具有锐利的爪，脚趾方向为前后各二趾，后二趾又向两侧分开，爬树干时便向横的方向伸出，防止身体摇晃；其尾部抵住树干，有助于支撑身体。鸟类中似乎找不到比啄木鸟更适于过树干生活的体形了。

[食物]

（蚀船虫或甲虫的幼虫）

（蚂蚁）

（天牛幼虫）

（白蚁）

（蛾的幼虫）

啄木鸟的生活

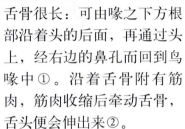

●仔细看

[捕虫方法]

舌骨很长：可由喙之下方根部沿着头的后面，再通过头上，经右边的鼻孔而回到鸟喙中①。沿着舌骨附有筋肉，筋肉收缩后牵动舌骨，舌头便会伸出来②。

●仔细看

舌头尖端为内向的锯齿形，凡是被刺到的昆虫，均无法逃脱。

● 啄木鸟在树干上挖横洞为巢，其深约30厘米，巢底铺有碎木片，每次产下2~8个卵，白天由雌鸟抱卵，晚上则为雄鸟；若该树干折损，则另行筑巢。

● 会叼着巢内的碎木片或雏鸟的粪便，丢弃于外面。

黄领啄木鸟

黄腹啄木鸟

● 黄领啄木鸟通常在地上捕食蚂蚁；黄腹啄木鸟在树干上凿小洞，吮树汁；橡实啄木鸟则会把橡实贮藏在树干中。

橡实啄木鸟

●仔细看

呈波状飞行。

各种啄木鸟

鳞耳啄木鸟

绿啄木鸟

黑啄木鸟

三趾啄木鸟

大赤啄木鸟

小斑啄木鸟

灰啄木鸟

地啄木鸟

白嘴啄木鸟

冠羽黑啄木鸟

啄木鸟的同类

美洲五彩鸟

大嘴鸟

五色鸟

示蜜鸟

吃蝶鸟

188

天堂吃蝶鸟 | 全长 30厘米
学名 *Galbula dea*

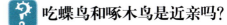

吃蝶鸟和啄木鸟是近亲吗?

分布于中美洲或南美洲的吃蝶鸟是啄木鸟的近亲,但体形较蜂鸟大一点,喜欢吃昆虫,特别是蝴蝶,尤其像摩尔佛一类的大型蝴蝶。

往往在森林中的水泽边觅得一场所,静候昆虫出现,捕到昆虫后即带回原处吞食。

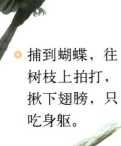

● 捕到蝴蝶,往树枝上拍打,揪下翅膀,只吃身躯。

■袖珍动物辞典

啄木鸟

● 鸟纲 ● 啄木鸟目 ● 啄木鸟科

啄木鸟目有6科,共179种,分布于世界各地,体形和习惯极相似。其脚趾前后各一对,极适于树干生活。啄木鸟单独或成对生活,大部分不迁移,也不会和其他鸟类同处。抱卵期为14~18天,孵化后2~3周离巢。地啄木鸟有2种,主食为蚂蚁,会迁移,每巢产7~12个卵。拟啄木鸟约30种,比啄木鸟小,多短尾。

吃蝶鸟

● 鸟纲 ● 啄木鸟目 ● 吃蝶鸟科

吃蝶鸟科是啄木鸟目6科中的一科,共15种,其特征是羽毛具光泽,嘴巴长。与啄木鸟一样,不喜群集生活。在崖上或崖壁挖穴筑巢,每次产3~4个白色卵,雌雄交替抱卵,3~4周后孵化。

巨大嘴鸟 | 全长 60厘米
学名 *Ramphastos toco*

? **大嘴鸟的嘴和哪种鸟最相似?**

　　分布于中美洲或南美洲的大嘴鸟类,是和犀鸟的嘴最相似的大鸟,不过大嘴鸟的嘴部骨头像海绵一般,且外壳也很薄,所以不重。

各种大嘴鸟

彩虹大嘴鸟

白胸大嘴鸟

翡翠大嘴鸟

○ 和犀鸟一样,叼住果实往上抛,然后接住吞食。

■袖珍动物辞典
大嘴鸟
● 鸟纲 ● 啄木鸟目 ● 大嘴鸟科
大嘴鸟科为啄木鸟目中6科之一,有37种,全部栖于树林中,以果实为食,为啄木鸟目中群栖性最高者。
利用高树上之洞穴为巢,每巢产2~4个白卵,雌雄共同抱卵,16天左右孵化,雏鸟约6~7周离巢。

黑喉示蜜鸟 | 全长 20厘米
学名 *Indicator indicator*

示蜜鸟会指示蜂蜜的所在吗?

示蜜鸟通常分布于非洲或马来半岛,因为会指示人类或蜜獾,蜂蜜的所在而知名。卵生于五色鸟的巢穴中,刚孵化的雏鸟便具啄死五色鸟雏鸟的能力。

○ 发现蜂巢的示蜜鸟,会一直鸣叫呼唤蜜獾,当蜜獾在吃蜜时,则在一旁静候。

○ 吃蜜獾破坏蜂巢后所剩下的蜜蜡,或蜂的幼虫。

■袖珍动物辞典
示蜜鸟

● 鸟纲 ● 啄木鸟目 ● 示蜜鸟科

示蜜鸟科约有12种,单独于树上营生,具吃蜜蜡之习性。此为其他种类所无。皮肤很厚并有一种味道,所以不会遭蜂刺。

抱卵后11~12天即孵化,37~38天即可离巢。

柳莺
全长 13厘米
学名 *Rhylloscopus trochilus*

🔧 燕雀类是个庞大的家族吗?

　　燕雀目占全世界所有鸟类的百分之六十,是鸟类中最进化的一种;大部分是小型鸟,且能发出优美的叫声。其脚三趾向前一趾向后,大半为陆栖。

　　燕雀目鸟类迄今仍繁衍不衰。

鸟的身体结构

大覆雨羽

初列覆雨羽

背

头顶

额　耳羽

鼻孔

上嘴

下嘴

颚

喉咙

胸

腋

腹

足(跗蹠)

腰

初列拨风羽

次列拨风羽

上尾筒

下尾筒

尾

颚线

过眼线　眉斑

腮线

额线　颊线

肺

气囊

■仔细看

鸟的肺部连有气囊，空气由此进入后，使身体变轻。此气囊可伸入骨内。

各种燕雀目

广嘴鸟

琴鸟

暴君鸟

莺

■袖珍动物辞典

燕雀类

●鸟纲　●燕雀目

鸟类大致分为始祖鸟的古鸟类，和始祖鸟以后包括全部鸟类的新鸟类两大亚纲，在新鸟类的8600种之中燕雀目的鸟就占了5000种之多。

各种燕雀目的鸟具有各样的习性，但繁殖习性却相同，一般繁殖期为春天，每巢产2~6个卵，由雌鸟抱卵2~3周，雏鸟多裸而闭目，口角呈黄色。

燕雀目有：雀、椋鸟、伯劳、莺、鹎、山雀、鸦、燕、云雀、广嘴鸟等，分为约70科。

绿广嘴鸟
全长 15厘米

学名 *Calyptomena viridis*

广嘴鸟是否很原始?

广嘴鸟的体形小，却有大而扁平的喙及极大的脸部，为燕雀目中最原始的鸟；和佛法僧一样，栖于树枝上捕食经过的昆虫，不过，偶尔会外出觅食。绿广嘴鸟喜食果实。

[食物]

(果实)

(昆虫)

仔细看

广嘴鸟的巢很像西洋梨的形状，吊在水面的树枝上，进出口呈水平状。

● 各种广嘴鸟

爪哇广嘴鸟

长尾广嘴鸟

■袖珍动物辞典
广嘴鸟

● 鸟纲 ● 燕雀目 ● 广嘴鸟科

广嘴鸟科有14种，均具15个头椎骨，其他燕雀目则仅有14个。一般为雌雄异色，单独或小群集营生，栖于森林中，每巢产3~5个卵，呈白色或白底有斑纹，雌雄交替抱卵。分布于亚洲南部的绿广嘴鸟披覆着光泽而美丽的羽毛，小喙短尾。

红嘴回木鸟 | 全长 23厘米
学名 *Compylorhamphus trochilirostris*

[食物]

（昆虫和其幼虫）

（蜘蛛）　（蛙）

❓ 红嘴回木鸟的色彩显眼吗?

　　红嘴回木鸟分布于美洲大陆墨西哥以南的热带或亚热带森林中，为一种色彩不显眼的鸟，坚固的鸟喙为其特征，因此能用以捕食栖于裂树皮内的昆虫。

　　在树洞内筑巢，过着如旋木雀似的生活。

细嘴回木鸟

粗嘴回木鸟

● 仔细看

回木鸟的喙部有长有短，但都十分坚固，长的喙尖略向下弯。

■袖珍动物辞典

回木鸟

● 鸟纲 ● 燕雀目 ● 回木鸟科

回木鸟科有48种，只分布于墨西哥以南的美洲大陆。用尾羽上坚硬的羽轴和强壮的爪，可如啄木鸟般地在树干上攀爬，但却不能凿洞。在树上的洞穴筑巢，单独或成对生活，每巢产2~3卵，呈白色或浅绿色，雌雄交替抱卵，约2周孵化。

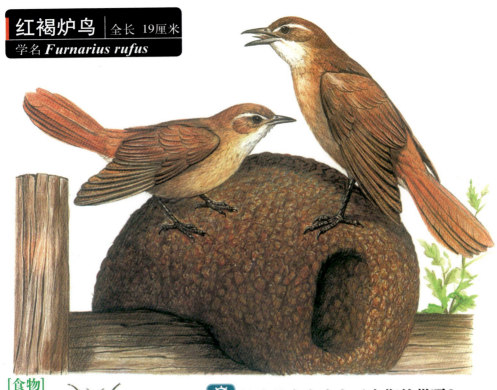

红褐炉鸟 | 全长 19厘米

学名 *Furnarius rufus*

[食物]

（昆虫）

炉鸟的名字来自于它们的巢吗?

炉鸟用粘土或草筑成烤炉形状的巢，因而得名。此巢常造于水平或稍微倾斜的树枝、栅栏及屋檐上。英文名为ovenbird，为阿根廷名产之一。

仔细看

[炉鸟的巢]

炉鸟的巢，出入口不会和支柱相冲，规划得很适当(顺着箭头方向飞出去)，最里面为产室，铺有细枝、羽毛或棉毛(右图为巢之横切面)。

白斑大脚鸟 全长 23厘米
学名 *Acropternis orthonyx*

[食物]

(昆虫)

(幼虫)

(草的种子)

(蜘蛛)

❓ 大脚鸟是立尾鸟吗?

　　大脚鸟和鹪鹩很相似,但是分布于南美洲,以体形的大小而言,脚大、翼小、不大会飞,栖于杂草繁茂处,到处行走,叫声极美,尤其雌鸟经常鸣叫,往往仅闻其声而不见其影,兴奋时,尾羽会竖立,故又被称为立尾鸟。

● 有堵塞鼻孔的盖子,可防止尘砂进入鼻内。

冠羽大脚鸟
Rhinocrypta lanceolata
全长 20厘米

■ 袖珍动物辞典
大脚鸟

●鸟纲 ●燕雀目 ●大脚鸟科
大脚鸟科有30种,有的单独生活,有的则群集生活,但羽色均与周围环境相近。在地面或树木窟窿挖掘巢穴,每次产2~4个白色卵,雌雄共同抱卵和育雏,其他习性迄今不明。

八色鸟
全长 18厘米
学名 *Pitta brachyura*

[食物]

（蚯蚓）　（蜗牛）

（蜘蛛）

通常在地上筑圆盖形的巢，也有造于树枝的分叉处，以细茎根或叶等为材料。

八色鸟有几种色彩?

八色鸟正如其名，是有各种色彩的美丽鸟类，常"嚯嚯哼"地叫，听来很有亲切感。分布于东南亚，但夏季常飞往日本繁殖，此为分布之北限。在地上找饵，生性胆小，感觉到有一点危险，便立刻躲进草丛中。

■袖珍动物辞典
八色鸟

●鸟纲 ●燕雀目 ●八色鸟科

八色鸟科有1属23种，飞行能力极佳，一般在地面上生活，睡觉与鸣叫则在树上。此科最具代表性的八色鸟，具有青、绿、黑、红、黄、白等组合之体色，雌雄体色均美。原是单独性极强的鸟，但有时也做小群集，以直线方式飞行。
每巢产4~5卵，卵灰色而带紫斑，由雌鸟抱卵及育雏。

马岛八色鸟 | 全长 15厘米
学名 *Philepitta castanea*

[食物]

（幼虫）

（蜘蛛）

（昆虫）

伪太阳鸟
Neodrepanis coruscans
全长 9厘米

❓ 马岛八色鸟和伪太阳鸟是接近的鸟类吗?

马岛八色鸟科的鸟，只分布在非洲的马达加斯加岛，近似八色鸟，为燕雀目中，在古老时代就已出现的种类，住在繁密树林的低树枝或杂草中，过单独的生活。伪太阳鸟是很稀罕的鸟，其生活习性不明。

⬤ 仔细看

伪太阳鸟和太阳鸟一样，具有长嘴，便于吸取花蜜。

■袖珍动物辞典
马岛八色鸟

●鸟纲●燕雀目●马岛八色鸟科
马岛八色鸟有4种，各方面均与八色鸟极相似，树栖性。伪太阳鸟曾被误认为太阳鸟，直到20世纪，才被确认是接近八色鸟的古代型燕雀目，住在潮湿的森林中，除昆虫外也吮食花蜜。

暴君鸟

红暴君鸟
Pyrocephalus rubinus
全长 14厘米

帝王暴君鸟
Tyrannus tyrannus
全长 21厘米

月暴君鸟
Sayornis phoebe
全长 17厘米

燕尾暴君鸟
Muscivora forficata
全长 40厘米

冠暴君鸟
Myiarchus crinitus
全长 23厘米

[食物]
飞行中的
昆虫

暴君鸟性情暴虐吗?

　　暴君鸟只住在美洲大陆，与分布于欧洲或亚洲的鹟类之外型或生活习性均很相似，在分类上则与八色鸟相近。属极具攻击性的鸟，敢与乌鸦或小型鹰对抗，或蹂躏蜂巢。

■袖珍动物辞典
暴君鸟

●鸟纲 ●燕雀目 ●暴君鸟科

暴君鸟科有305种之多，形成一大集团。与八色鸟同为古老型的鸟，羽色朴实，雌雄同色，但亦有数种羽色美丽且雌雄异色。只分布于美洲大陆，一般为树栖性，往往筑巢于树上、地上或树洞中；过单独生活，具有凶暴的攻击性格，有迁移性的也不少，每巢产2~6卵，大半为雌鸟抱卵。

姬鸟

长尾姬鸟
Chiroxiphia linearis
全长　25厘米

线尾姬鸟
Teleonema filicauda
全长　12厘米

燕尾姬鸟
Chiroxiphia caudata
全长　10厘米

白领姬鸟
Manacus manacus
全长　12厘米

[食物]

（昆虫）　（水果）

以跳舞做出求爱的动作。

 姬鸟喜爱跳舞吗?

姬鸟类分布于美洲大陆，为热带到亚热带间的美丽鸟类，雄鸟在森林的地面上，去除附近的草或小枝丫，做成直径60~90厘米的舞场，然后在剩下的小树间，敏捷地跳跃并旋转着飞舞，以示求爱，当与雌的交配后，仍继续飞舞。

■**袖珍动物辞典**

姬鸟

●鸟纲 ●燕雀目 ●姬鸟科

姬鸟科有59种，身体小，多数为雌雄异色，雄的色彩较为明显，分布于墨西哥到阿根廷一带，单独或数只群栖，树栖性较多，均属于留鸟，行一夫多妻制，繁殖期内，雄鸟求爱时因具有华丽的色彩而出名。巢筑于树上，每巢产2卵，卵有斑纹，20天左右可孵化。营巢、抱卵、养育全由雌鸟负责。

红胸刈草鸟 全长 17厘米
学名 *Phytotoma vutila*

(新芽)

(嫩叶)

(蕾)

(草)

[食物]

刈草鸟会拔草吗?

和腊嘴雀或花雀一样,嘴喙呈锯齿状,吃嫩叶或新芽,会将小草连根拔起,故而得名,雌雄体色差别极大,雄的颜色较为鲜明。

[刈草鸟的喙部]

从侧面看。

在繁殖期间于树枝上筑盘状的巢穴。

从前面看。

■袖珍动物辞典
刈草鸟

●鸟纲●雀目●刈草鸟科
刈草鸟科1属3种,只分布于南美洲,雌雄异色,雄的腹面是红褐色;繁殖期会在树上筑盘形的巢,产青绿色有黑斑的卵2~4个,由雌鸟抱卵。

琴鸟

全长100厘米
尾长70厘米

学名 *Menura novaehollandiae*

琴鸟是哪个国家的国鸟?

琴鸟是澳大利亚的国鸟,也见于邮票上,在森林的繁茂丛中,像鸡一样地翻找食物。繁殖期雄鸟在地面上做成小山岗状的跳舞场,然后将长尾羽覆盖在头上表演求爱之舞。

[食物]

(昆虫)

(蜘蛛)

(蚂蚁)

(蚯蚓)

(蜗牛)

大而强壮的脚,扒翻着地面寻找食物。

求爱时,会展开具有16根之多的长尾羽,发出悦耳的叫声。

■袖珍动物辞典

琴鸟

●鸟纲 ●燕雀目 ●琴鸟科

琴鸟科1属2种,是燕雀目中体形最大者,因雄的尾羽如古代的竖琴,长而美丽,故而得名。

雌鸟较不出色,声音特别,会模仿各种鸟的叫声及其他物体的声音;雄鸟会因求爱而做出华丽的舞姿。营巢、抱卵、育雏等全由雌鸟负责,雌鸟花长时间造大巢,却仅产一褐色斑点的卵。抱卵、育雏各约6周,雄鸟于三年后长出美丽的尾羽。

百灵（云雀）
全长 18厘米

学名 *Alauda arvensis*

○ 飞行姿势

[食物]

（种子）

（昆虫的幼虫）

百灵的叫声是为报春吗？

百灵的叫声，和报春有密切的关系，它们从地上呈一直线往上飞，到数十米以上的高空，便一直鸣叫不止，甚至达五分钟之久。

● 仔细看

百灵的脚，后趾有长爪，便于在地上行走。百灵常在草原或农耕地上，双脚一前一后交替着行走。

● 巢筑在草原或旱田中。

● 到了冬天，有些会从欧洲迁往非洲。

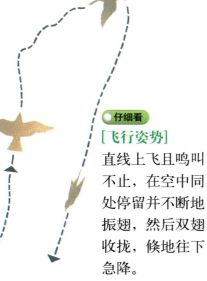

● **仔细看**

[飞行姿势]

直线上飞且鸣叫不止，在空中同处停留并不断地振翅，然后双翅收拢，倏地往下急降。

● **仔细看**

雏鸟的口呈黄色，很显眼，父母极易把食物放入其口中。

● **各种百灵**

短趾百灵

黑百灵

冠百灵

森林百灵

角百灵

■**袖珍动物辞典**

百灵(云雀)

●鸟纲 ●燕雀目 ●百灵科

百灵科约有75种，三分之二分布于非洲；其余则广布于欧洲、亚洲、美洲，大多属短冠羽的小鸟，脚长，后趾爪也很长，适于地上的生活，羽色与所栖处之泥土颜色相似，尤其栖于草少处者更为显著。巢筑于草原或耕地，近年来由于土地开发深受破坏。每巢产4~5卵，抱卵期短，只需11天即孵化，雌雄共同养育，雏鸟1周即可离巢，但3周后才能飞。

家燕 | 全长 19厘米
学名 *Hirundo rustica*

（虻）

（蝇）

（蝴蝶或蛾）

（蚊子或大蚊子）

（蜻蜓）

[食物]

燕是燕雀目中最能飞的鸟吗？

燕是燕雀目中最能飞的鸟，翼长，且翼端尖而强壮，体形轻巧而呈流线型；但脚极软弱。

○ 燕的脚软弱，只能供停栖使用，爪极尖锐。

○ 燕和雨燕是完全不同的种类，其最大的区别在于雨燕的翅膀较长。

○ 嘴向两侧大开，特别便于捕捉飞行中的昆虫。

● 燕的生活

● 春天从南方回来，用泥土或稻草筑巢，只有这段时间会到地面上，常使用去年的旧巢再加以整修。雏鸟约2~3分钟喂食一次，一天喂食200次之多。

[燕巢的进化]

紫燕的巢①是利用自然岩石场或巢箱。灰沙燕②在崖上挖坑造巢。家燕的巢是用灰泥造成的③，为最进化的一种。

① ②

③

● 各种燕

紫燕

岩燕

赤腰燕   灰沙燕

■袖珍动物辞典

燕

● 鸟纲 ● 燕雀目 ● 燕科

燕科约有75种，除了南北极和大洋上的诸岛外，分布于全世界，在温带、亚热带者为候鸟，热带者则为留鸟。雨燕目中的雨燕，因姿态、生活习性等和燕很相似，故常被搅混，但两者的血缘关系却极远。燕可驻足于电线或在地上行走。

每巢产4~6卵，约14天孵化，21天左右可离巢。营巢，抱卵多由雌鸟负责，育雏则雄雌协力合作。

白鹡鸰

全长17.5厘米
尾长8厘米

学名 *Motacilla alba*

[食物]

（石蚕蛾）

（蜻蜓）

● 筑巢于岩石、草或树荫下。

● 各种鹡鸰

黄鹡鸰

灰鹡鸰

黄头鹡鸰

鹡鸰为何没完没了地摆尾巴？

鹡鸰常在水边不断地摇摆着尾巴，其中以灰鹡鸰摇摆最甚，尤其刚飞到地面伫足时，更是摆个没完没了，至于为何摇尾，则理由不详。

■袖珍动物辞典
鹡鸰

● 鸟纲 ● 燕雀目 ● 鹡鸰科

科约有55种，其中鹡鸰类约占10种，鹨类约45种，主要以动物为食。

灰鹡鸰每巢产4~5卵，主要由雌鸟抱卵，约12~13天，孵化后2周左右可离巢，再过1~2周即可独立。

灰山椒鸟 | 全长 20厘米 / 尾长 10厘米

学名 *Pericrocotus divaricatus*

❓ 山椒鸟的叫声像什么？

山椒鸟有和鹡鸰相似的纤细体形，但却不住在水边，而栖于林中树梢，其叫声十分特殊，"唏利唏林"地仿佛摇铃一般。在树林的上空盘桓着，守着自己的地盘。

（雄）

[食物]
蜘蛛或昆虫

（雌）

🔍 **仔细看**
雌的后脑部略带灰色，不如雄的一般黑。

（雄）

（雌）

火焰山椒鸟
Pericnocotus flammeus
全长 21厘米

■袖珍动物辞典
山椒鸟

●鸟纲 ●燕雀目 ●山椒鸟科

山椒鸟科约有70种，繁殖期以外营小群集生活。大半属热带地区之留鸟，分布于温带者冬天会迁往热带。灰山椒鸟是此科中唯一可长距离迁移飞行者。通常在树梢附近，将树枝、草、松叶等用蜘蛛丝集结在一起，有雌雄协力造成碗形的巢，每巢产4~5卵，主要由雌鸟抱卵，养育则雌雄共同负责。

🔍 **仔细看**
在树林上空飞翔，呈波形。

白胸河乌 | 全长17.5厘米
学名 *Cinclus cinclus*

[食物]

(蜉蝣的幼虫)

(砂虱虾)　(石蚕的幼虫)

❓ 河乌有什么适于水中的特性？

河乌是燕雀目中唯一水栖的鸟，生活在山地的溪谷河川中，能在水底行走；眼中具有水镜功效的瞬膜，且能闭上鼻子，因此能在水中寻获其他鸟类无法获得的食物。

鹪鹩 | 全长 10厘米
学名 *Troglodytes troglodytes*

仿鸫 | 全长 24厘米
学名 *Mimus polyglottos*

❓ 仿鸫能模仿多少种鸟叫声？

仿鸫常被称为"模仿师"，仿鸫很会模仿其他鸟类的叫声，除了自己的叫声外，还可以模仿20种以上的其他鸟声。

❓ 鹪鹩会狡兔三窟吗？

繁殖于山地溪谷的草丛中，或树林中青苔岩石多的地方，常在繁茂的草丛中不停地钻来钻去。身体虽小，但叫声很美，相隔极远也能听到急促的鸣叫声。雄鸟会筑一真实的巢穴和几个伪装的巢穴。

[食物]

(蜘蛛)

(蜈蚣)

山鹨

[食物]

（幼虫）

（昆虫）

（蜘蛛）

日本山鹨
Prunella rubida
全长 14厘米

西伯利亚山鹨
Prunella montanella
全长 17.5厘米

欧洲山鹨
Prunella modularis
全长 15厘米

岩鹨
Prunella collaris
全长17.5厘米

各地山鹨有什么不同?

　　山鹨类中的欧洲山鹨，常出没在杂草丛多的森林中，住家附近也有其踪迹，只因其动作敏捷，故难以得见。夏天吃昆虫，冬天则吃草的种子。亚洲大陆不产欧洲山鹨，但日本却有非常接近的日本山鹨。

■袖珍动物辞典

河乌

●鸟纲●燕雀目●河乌科

河乌科有4种，冬天到初春在岩棚或瀑布的阴暗处筑巢。

鹪鹩

●鸟纲●燕雀目●鹪鹩科

鹪鹩科约有60种，西半球居多，初春筑巢。

仿鸫

●鸟纲●燕雀目●仿鸫科

仿鸫科约有30种。

山鹨

●鸟纲●燕雀目●山鹨科

山鹨科有13种，春夏在岩石的间隙造巢。

鹎

红耳鹎
Pycnonotus jocosus
全长 20厘米

[食物]
水果或
花蜜

❓ 鹎类常常会有一副醉态吗？

鹎类多数分布于亚洲或者非洲的热带，最喜食水果或花蜜，特别是熟透即将蒂落之水果，故常有一副醉态。

大伯劳 | 全长17.5厘米
学名 *Lanius excubitor*

❓ 什么是"伯劳穿刺"？

伯劳喜捕食小型哺乳类或爬虫类，并有将捕到的猎物穿挂于树枝上的习惯，谓之"伯劳穿刺"。通常生活于森林边缘或疏林中，作波状的低空飞行，常栖于树枝高处，发出尖锐的叫声。

（昆虫类）

（小型哺乳类）

（两栖类）

[食物]

（爬虫类）

连雀

绢连雀
Phainopepla nitens
全长 18厘米

朱连雀
Bombycilla japonica
全长17.5厘米

黄连雀
Bombycilla garrulus
全长19.5厘米

[食物]

（昆虫）

（水果）

连雀的行走能力强吗？

连雀具有像丝绸一般柔软的羽毛，嘴短小而扁平，常栖于树枝上，最喜吃槲寄生的果子，脚短，所以不擅于行走。

琉璃马岛伯劳 全长 15厘米
学名 *Leptopterus madagascarinus*

马岛伯劳像伯劳吗？

马岛伯劳如其名，栖于马达加斯加岛的森林中。外形近似伯劳类，但习性有相当的区别。群居，捕食昆虫、蛙、蜥蜴等。

■袖珍动物辞典

鹟

●鸟纲 ●燕雀目 ●鹟科

鹟科约有120种，热带地区居多；5~6个月在树上筑巢。

伯劳

●鸟纲 ●燕雀目 ●伯劳科

伯劳科有74种，其中的红头伯劳，春天在日本的杂树林或公园内草木繁茂处筑巢，冬天移至中国华南和台湾。

连雀

●鸟纲 ●燕雀目 ●连雀科

连雀科有8种，在树上筑巢。

红尾鸫 全长 24厘米

学名 *Turdus naumanni naumanni*

❓ 鸫有优美的鸣声吗?

鸫有尖细的喙，和强而长的脚，栖于林中、农耕地，或住家附近，此类鸟多半有优美的鸣声，尤以住在欧洲和华北森林的黑歌鸫为最。

● 各种鸫

林鸫
Hylocichla mustelina
全长 20厘米

欧洲鸫
Turdus viscivorus
全长 28厘米

[食物]

(树实)

(昆虫)

(蚯蚓)

(蜗牛)

歌鸫
Turdus philomelos
全长 23厘米

美洲鸫
Turdus migratorius
全长25.5厘米

■ 袖珍动物辞典

鸫

● 鸟纲 ● 燕雀目 ● 鸫科 ● 鸫亚科

鸫亚科约300种，其中鸫属占60种左右，大多数会迁移，在初春的繁殖期一对对地划分地盘，在树上以根、草、苔、泥等筑巢，产3~5卵，雌鸟抱卵约2周。分布于温带的种类，大多随后即进行第二次繁殖。

欧洲鸲鸟 | 全长 14厘米
学名 *Erithacus rubecula*

(幼虫)

(蜘蛛)

(蚯蚓)

(水果)

[食物]

欧洲鸲鸟以什么闻名?

欧洲鸲鸟是欧洲的名鸟之一，一年到头都可听见其婉约的鸣叫声。常固守自己的地盘，决不轻饶侵犯者，其凶悍与鸣声，同为鸟类中之著名者。

夜莺 | 全长16.5厘米
学名 *Luscinia megarhynchos*

夜莺以什么闻名?

夜莺因其鸣声十分婉转而知名，在欧洲常被以诗或歌曲赞美、歌颂。生活于杂草繁茂的森林或丛林中，通常在地面上觅食，以昆虫为主食，冬天迁往非洲。

■袖珍动物辞典

鸲鸟、夜莺

●鸟纲 ●燕雀目 ●鹟科 ●鹟亚目

因称为"Robin"而著名的欧洲鸲鸟，和中国的鸲鸟并不同种。欧洲鸲鸟大半是候鸟，在欧洲南部过冬，繁殖地区则在欧洲北部和中部；在英国繁殖的大多数雄的成鸟不迁移。常在地面上以小枝、枯叶、草等筑巢，雌鸟孵卵约2周，雏鸟2周左右可离巢。夜莺在英国及欧洲的中、南部繁殖，每巢可产4~5卵，由雌鸟负责抱卵和筑巢。

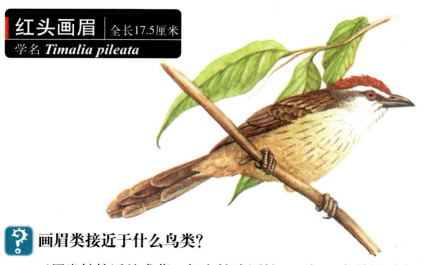

红头画眉 全长17.5厘米
学名 *Timalia pileata*

❓ **画眉类接近于什么鸟类?**

画眉类较接近鸫或莺,但它较为原始,翼短,在幼雏时身上无斑纹。

分布于东亚或印度的热带丛林或矮树林内,以小群体行动,大部分捕食昆虫,偶尔也吃树上的果实。

其喙和脚皆很强壮,但翅短,翼端呈圆形,所以飞行能力不佳。

● **各种画眉**

尼泊尔画眉

白冠画眉

长弯嘴画眉

相思雀

灰林画眉

短翅树莺

全长(雄)17.5厘米
(雌)15厘米

学名 *Cettia diphone*

[食物]（小昆虫）

（幼虫）

❓ 短翅树莺外形潇洒吗？

短翅树莺及其同类有着朴素的体色，潇洒的外形，常隐藏于繁茂的草丛中鸣叫。

黑头莺

全长 14厘米

学名 *Sylvia atricapilla*

❓ 黑头莺的叫声也很优美吗？

分布于欧洲北部，鸣叫声极优美。

■ **袖珍动物辞典**

画眉

●鸟纲●燕雀目●鹟科●画眉鸟亚科
画眉鸟亚科约280种，为燕雀目多样的群集，在分类上较为困难。画眉多数栖于热带森林或丛林之中，春夏繁殖期在繁茂的芦苇丛中，以枯芦苇叶筑巢。

莺

●鸟纲●燕雀目●鹟科●莺亚科
莺亚科中的短翅树莺，住于繁茂丛林深处，用枯叶或枯根筑巢，卵呈茶色而有光泽。

黑背鹟　全长12.5厘米
学名 *Ficedula hypoleuca*

[食物]

正在飞的昆虫

🔍 鹟类是不是有强烈的地盘观念?

鹟类常栖于冒出的枝桠上，等候飞近的昆虫，发现猎物即飞出捕捉，再携回原来的树枝上，有强烈的地盘观念；大多数种类的鸣叫声皆极优美。

● **仔细看**

停栖在树枝上，等候昆虫飞近而捕捉，然后带回原来的树枝上。

■**袖珍动物辞典**

鹟

●鸟纲 ●燕雀目 ●鹟科 ●鹟亚科

鹟亚科含有许多种类的鸟，大多栖于森林或稀林中，有一面飞一面捕食昆虫的习性；繁殖方式也有多种，在欧洲的夏天，可常见到灰鹏在大树干的凹处或树枝上筑巢，每次产4~5个青色卵，雌雄交替抱卵2周，并协力育雏2周。

白颊山雀 | 全长 14厘米

学名 *Parus major*

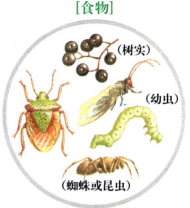

[食物]

（树实）

（幼虫）

（蜘蛛或昆虫）

🔧 山雀常成群在树间移动吗？

山雀大部分栖于树上，常将身体挂于树枝前端，捕食昆虫或树上的果实，常成群由一棵树移到另一颗树，捕食的地方也因种类而有所不同，多数筑巢于树洞箱内。

黄腹厚头莺 | 全长 18厘米

学名 *Pachycephala pectoralis*

🔧 雌雄厚头莺怎样相互呼唤？

住在澳大利亚或新几内亚的厚头莺，和山雀一样能捕食树上的害虫，雌雄相互呼唤时，会发出笛子般的鸣声。

■袖珍动物辞典

山雀

●鸟纲 ●燕雀目 ●山雀科

山雀科的鸟约有65种。以树洞或巢箱为巢，每巢产7~10卵，白色而有斑纹，由雌鸟抱卵，但雌雄协力喂雏。雏鸟约3周就出窝，其后一个月和家族一起生活。

厚头莺

●鸟纲 ●燕雀目 ●鹟科

鹟科中，厚头莺类约有50种，每巢产2~4卵，雌雄或只有雌鸟抱卵，雌雄共同育雏，各需2周。

鳾 | 全长 14厘米
学名 *Sitta europaea*

旋木雀

旋木雀
Certhia familiaris
全长 13厘米

鳾和旋木雀有什么共同点？

鳾和旋木雀都会沿着树干爬上爬下，用它们的硬尾支撑身体。常吃树皮中的虫。

褐旋木雀
Climacteris erythrops
全长 16厘米

旋壁雀 | 全长 16厘米
学名 *Tichodroma muraria*

旋壁雀怎么得此名称的？

旋壁雀住在欧洲南部及亚洲的某些地方，在岩壁上下做小跳跃而得名。

■袖珍动物辞典
鳾
•鸟纲•燕雀目•鳾科

鳾科的鸟约有20种。繁殖习性和山雀相似。每巢产6~11卵，须较长的时间方可出窝。

啄花鸟

红背啄花鸟
*Dicaeum
cruentatum*
全长 9厘米

红燕啄花鸟
*Dicaeum
hirundinaceum*
全长 9.5厘米

啄花鸟是不是很活泼?

　　住在东南亚到大洋洲。在高树枝上活泼地行动。喜欢花蜜,用吸管状的舌头吸食。特别喜欢寄生木的果实。巢像西洋梨形,吊在树枝上。

太阳鸟

长尾太阳鸟
*Nectarinia
famosa*
全长 23厘米

五色太阳鸟
*Cinnyris
venustus*
全长 10厘米

橄榄太阳鸟
*Nectarinia
olivacea*
全长 15厘米

颈斑太阳鸟
*Anthreptes
collaris*
全长 10厘米

太阳鸟和蜂鸟相同吗?

　　太阳鸟住在东南亚到非洲。和啄花鸟一样,停落在树枝上吸食花蜜,和一面飞行一面吸蜜的蜂鸟不大相同。

长嘴猎蜘鸟
*Arachnothera
longirostra*
全长 10厘米

● 猎蜘鸟因捕食蜘蛛而得名。

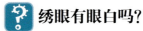

东方绣眼 全长 11厘米
学名 *Zosterops*

绣眼有眼白吗?

绣眼和啄木鸟、太阳鸟一样，常用刷子状的舌头吃花蜜或成熟的水果，也常吃些蜘蛛、壁虱、小昆虫。喜欢飞到人家的阳台上。

眼睛周围有一圈白色的，又叫做眼白，但也有无白轮的种类。

[食物]
水果

吸蜜鸟

黄胸吸蜜鸟
Meliphaga melanops
全长 18厘米

吸蜜鸟像太阳鸟吗?

吸蜜鸟用刷子状的长舌的前端吸食花蜜。外观看起来像太阳鸟。

红头吸蜜鸟
Myzomela erythrocephala
全长 10厘米

红吸蜜鸟
Myzomela sanguinolenta
全长 12厘米

黄翅吸蜜鸟
Phylidonyris novaelhollandiae
全长 18厘米

■袖珍动物辞典

啄花鸟
●鸟纲●燕雀目●啄花鸟科
啄花鸟科有54种，每巢产1~3卵。

太阳鸟
●鸟纲●燕雀目●太阳鸟科
太阳鸟科由太阳鸟类104种和猎蜘鸟类10种所组成。前者是采悬挂式的巢，每巢产2卵。

吸蜜鸟
●鸟纲●燕雀目●吸蜜鸟科
吸蜜鸟科有160种鸟。在温带每巢产1~4卵，而在热带产10卵。

草鹀
全长16.5厘米
学名 *Emberiza cioides*

雄鹀有什么特征?

鹀的同类在世界上有500种以上。大部分在美洲及欧洲，只有鹀住在东亚。居住在明亮的树林或草原的低木上。雄的脸上有两道白线。

（幼虫）
（蜘蛛）
（昆虫）
（种子）
[食物]

● 鹀的种类

黄鹀

芦鹀

鸣鹀

雪鹀

彩鹀

红冠鹀
全长 20厘米
学名 *Cardinalis cardinalis*

红冠鹀的嘴巴粗壮吗?

红冠鹀住在北美洲。用粗壮的嘴巴咬开种子吃。有时会飞到院子里来。

■袖珍动物辞典

鹀

●鸟纲 ●燕雀目 ●鹀科 ●鹀亚科

亚科约有200种，雌鸟在稍高一点的树上用禾本科的枯草造巢，每巢产4~5卵，普通抱卵是11~13天，雏鸟11~13天就出窝，其后再继续喂食约一个月。

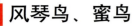

风琴鸟、蜜鸟

金帽风琴鸟
Catamblyrhynchus diadema
全长 15厘米

琉璃蜜鸟
Cyanerpes cyaneus
全长 12厘米

天堂风琴鸟
Tangara chilensis
全长 14厘米

蓝风琴鸟
Tersina viridis
全长 16厘米

锦风琴鸟
Pirange ludoviciana
全长15~19厘米

挖虫达尔文雀 | 全长 13厘米
学名 *Camarhvnchus pallida*

❓ 挖虫达尔文雀是怎么挖虫的?

在加拉巴哥群岛和哥斯达黎加的科克岛，有源自同祖先的达尔文雀14种。依其摄食昆虫、花蜜、草类的果实等不同的食性，而变成各种不同形态的鸟。例如，挖虫达尔文雀使用仙人掌的刺或小树枝从树皮的间隙挖出虫来吃。

❓ 风琴鸟和蜜鸟的叫声悦耳吗?

风琴鸟和蜜鸟都是鹀的同类，羽色鲜明，有很多颜色且富于变化。鸣叫声不大悦耳。喜食果实、树叶，但也吃小昆虫、蜘蛛。蜜鸟有方便吸蜜的嘴巴。

■袖珍动物辞典

风琴鸟

• 鸟纲 • 燕雀目 • 鹀科 • 风琴鸟亚科
风琴鸟亚科的鸟约有200种。每巢产1~5卵，由雌鸟抱卵12~14天。雌雄协力育雏。

达尔文雀

• 鸟纲 • 燕雀目 • 雀科
此类有14种。由生态、嘴形而分为3属。

美洲鹟

美洲水鹟
Seiurus aurocapillus
全长 15厘米

黑领美洲鹟
Wilsonia citrina
全长 14厘米

斑尾美洲鹟
Dendroica magnolia
全长 13厘米

红腹美洲鹟
Setophaga picta
全长 13厘米

金黄美洲鹟
Protonotaria citrea
全长 14厘米

❓ **各洲的鹟相似吗？**

美洲鹟类只住在美洲大陆。过着和欧洲或亚洲的鹟相似的生活方式，但彼此之间的关系却极为遥远。

夏威夷吸蜜鸟

红黑夏威夷吸蜜鸟
Vestiaria coccined
全长 14厘米

雷山夏威夷吸蜜鸟
Psittirostra cantans
全长 16.5厘米

长嘴夏威夷吸蜜鸟
Hemignathus procerus
全长 19厘米

■袖珍动物辞典

美洲鹟

●鸟纲●燕雀目●美洲鹟科

美洲鹟科有119种，全部分布在美洲大陆，和旧大陆的鹟类没有血缘关系。巢筑在树上的高处至地面的各种地方。

夏威夷吸蜜鸟

●鸟纲●燕雀目●夏威夷吸蜜鸟科

夏威夷吸蜜鸟科有22种，分布在夏威夷群岛，和达尔文雀源自同祖先，是在各岛进化而成的。在地上或低树林间造巢。此类大部分已灭绝，人们担心它们会全部绝种。

美洲椋鸟

绿美洲椋鸟
*Psarocolius
viridis*
全长　雄43厘米
　　　雌35厘米

大鸦美洲椋鸟
*Quiscalus
mexicanus*
全长　雄41~43厘米
　　　雌30~33厘米

斑胸美洲椋鸟
*Lcterus
pectoralis*
全长　20厘米

黑领美洲椋鸟
*Molothrus
ater*
全长　18厘米

黑褐美洲椋鸟
*Sturnella
magna*
全长　24厘米

鬼鸦美洲椋鸟
*Scaphidura
oryzivora*
全长　35厘米

美洲椋鸟的嘴巴特别坚固吗？

　　美洲椋鸟类住在美洲大陆的针叶林带到热带雨林带的广大地方。嘴形是尖的圆锥形，大都很坚固。

■袖珍动物辞典
美洲椋鸟

●鸟纲●燕雀目●美洲椋鸟科

美洲椋鸟科有94种，大小、羽色各有不同，全部分布在美洲大陆，美洲椋鸟中的一种羽衣椋鸟，在雌雄数量不平衡时，会变成一夫多妻制。每巢产4卵，雌鸟造巢，抱卵11~12天。

花雀

全长 15厘米

学名 *Fringilla montifringilla*

花雀的食物是什么?

　　花雀是在亚寒带的明亮树林中繁殖的候鸟。常吃草木的种子或果实等植物性食物，但有时也吃昆虫，为地上采饵较多的鸟。

[食物]

(果实)

(幼虫)

(草木的种子)

● 雀的种类

欧洲莺

腊嘴雀

红身花雀

五色金翅雀

红头花雀

绿金翅雀

黑纹金丝雀

黑头莺

红松雀

红黑金翅雀

黄黑金翅雀

金丝雀

交喙鸟

交喙鸟
Loxia
curvirostra
全长 16厘米

鹦鹉交喙鸟
Loxia
pyyopsittacus
全长16.5厘米

白翼交喙鸟
Loxia
leucoptera
全长 15厘米

❓ 交喙鸟的嘴形有什么特别之处?

　　交喙鸟的嘴形上下的前端弯曲而交叉，如此能方便地使用强固的嘴喙弄破松果，取出里面的种子来食用。

[交喙鸟和松果]
从左边起为：鹦鹉交喙鸟和松、交喙鸟和针枞、白翼交喙鸟和枞树。

■袖珍动物辞典

花雀

●鸟纲●燕雀目●雀科

雀科约380种，其中花雀亚科只有3种。在欧洲常见红头花雀的巢筑在树上。每巢产4~5卵，卵为淡青绿色而有斑纹，大半由雌鸟抱卵约2周。

交喙鸟

●鸟纲●燕雀目●交喙鸟科

交喙鸟类有3种，雌鸟在树上造巢，产4个青色的有斑纹的卵，由雌鸟独自抱卵12~13天，抱卵期间由雄的搬运饵食给雌鸟吃。

金织布鸟 | 全长 17厘米
学名 *Ploceus capensis*

❓ 金织布鸟以巢穴闻名吗?

金织布鸟住在明亮、干燥的稀疏树林中,以能造隧道状的巧妙巢穴而著名。从非洲、南亚洲到大洋洲一带有它的同类。以地上草的种子为食。

[织布鸟的造巢方法]

织布鸟的巢穴造得很精密。用叶子、草等材料编织,从树上吊下来。有的在同一棵树上集群做成许多巢穴。

顶棚

产室　出入口

[巢的内部]

胡锦鸟 | 全长 14厘米
学名 *Chloebia gouldiae*

❓ 胡锦鸟是著名的饲鸟吗?

胡锦鸟住在非洲到大洋洲一带,在非洲是住在草原;吃草的种子生活。有许多种具有很美丽的羽色,因而成为著名的饲鸟。

● 各种织布鸟和它的巢穴

社会织布鸟

红冠织布鸟

麻雀

雪麻雀
Montifringilla nivalis
全长 18厘米

岩麻雀
Petronia petronia
全长 14厘米

🔧 麻雀是织布鸟的同类吗？

麻雀为织布鸟的同类，原本在树洞筑巢，有时也利用住家的屋檐或屋顶造巢。以草、种子、谷物为食，但喂雏鸟的食物是昆虫。

家麻雀
Passer domesticus
全长 14厘米

南非麻雀
Passer melanurus
全长 15厘米

波斯麻雀
Passer moabiticus
全长 12厘米

麻雀
Passer montanus
全长 14厘米

金麻雀
Auripasser luteus
全长 13厘米

西班牙麻雀
Passer hispaniolensis
全长 14厘米

沙漠麻雀
Passer simplex
全长 15厘米

■**袖珍动物辞典**

织布鸟、麻雀

● 鸟纲 ● 燕雀目 ● 文鸟科

文鸟科的鸟约有150种。织布鸟是雄的造巢，在出入口处求爱后做交配。每巢产2～3卵，由雌鸟抱卵及育雏。麻雀每巢产4～6卵，雌雄交替抱卵2周，一起喂饵。

胡锦鸟

● 鸟纲 ● 燕雀目 ● 胡锦鸟科

雌鸟造巢，每巢产4～6个白色卵，雌雄交替抱卵2周。

欧洲椋鸟 | 全长 21厘米
学名 *Sturnus vulgaris*

（昆虫）

（幼虫）

（果实）

[食物]

🔎 椋鸟群很壮观好看吗?

椋鸟类生活在宽敞的草原或广大的田地、旱田。在地上吃昆虫、种子等。在冬天的傍晚，常看到欧洲椋鸟成群结队地回到鸟窝，其景观十分好看。像九官鸟这种会模仿人类语言的鸟也包含在此类里。

● 椋鸟的种类

黑颈椋鸟

玫瑰椋鸟

眼镜椋鸟

北椋鸟

灰椋鸟

帝王椋鸟

九官鸟

非洲啄牛鸟 | 全长 23厘米
学名 *Buphagus africanus*

啄牛鸟吃什么？

非洲啄牛鸟住在非洲的草原，吃附着在犀牛、水牛等草食兽身上的壁虱虫。

黄鹂（黄莺）

> 黄鹂（黄莺）
> *Oriolus chinensis*
> 全长 23厘米

金黄鹂
Oriolus oriolus
全长 24厘米

黄鹂的真面貌很难见到吗？

黄鹂常栖在公园或农地的树梢的叶子背面，所以不容易见到它的面貌，而它也不大下到地上；嗜吃昆虫，和莺有较远的关系。

大卷尾 | 全长 33厘米
学名 *Dicrurus macrocercus*

卷尾像什么？

卷尾像鹟般栖在树枝上，巧妙地捕捉飞近的昆虫。

■袖珍动物辞典

椋鸟、啄牛鸟

●鸟纲 ●燕雀目 ●椋鸟科

椋鸟科有110种。集团性强，造巢在树洞或岩穴。每巢产5~6卵，雌雄抱卵11~12天。

黄鹂

●鸟纲 ●燕雀目 ●黄鹂科

黄鹂科有28种。生卵4个，抱卵2周。

卷尾（乌秋）

●鸟纲 ●燕雀目 ●卷尾科

卷尾科有20种。每巢产2~4卵，大多由雌鸟抱卵。

青垂颊乌秋　全长 38厘米
学名 *Callaeas cinerea*

（雌）

（雄）

长嘴垂颊乌秋
Heteralocha acutirostris
全长 51厘米

[食物]
果实

长嘴垂颊乌秋已经灭绝了吗?

垂颊乌秋分布在新西兰，和椋鸟较接近。嘴根部有下垂肉，因而得名。此科中的长嘴垂颊乌秋，雌雄的嘴形不同，都有橙色的下垂肉。由于森林的开发，已灭绝。

长嘴垂颊乌秋由雄鸟用嘴啄木，再由雌鸟使用弯曲的嘴巴将虫拉出来而捕食。

土巢鸟　全长 23厘米
学名 *Grallina cyanoleuca*

 仔细看

巢造在高树上，水平地伸出树枝。

土巢鸟的巢是什么样的?

土巢鸟住在河川或湖泊的岸边或湿地，做碗形的巢，以昆虫或蜗牛为食，分布于大洋洲附近。

■袖珍动物辞典
垂颊乌秋
●鸟纲　●燕雀目　●垂颊乌秋科
垂颊乌秋科有3种，筑巢在树上或岩石的裂缝处。每巢产2~3卵，由雌鸟抱卵。
土巢鸟
●鸟纲　●燕雀目　●土巢鸟科
土巢鸟科有4种。成熟后结成一对终生相伴。每巢产2~5卵。

白眉森燕 | 全长21.5厘米
学名 *Artamus superciliosus*

灰笛鸟 | 全长 28~32厘米
学名 *Cracticus torquatus*

[食物]
在飞的昆虫

❓笛鸟和乌鸦像吗?

笛鸟有优美的叫声,外形似乌鸦,冬天过群集的生活。使用根部粗、前端细的钩形嘴喙,捕捉昆虫或蜥蜴,像伯劳一样,会将猎物穿挂在树枝上。

❓森燕和燕有什么差别?

森燕常在早晨或傍晚群集在电线或树枝上,捕食飞过的昆虫,其特征为:翼长而尖、尾呈角形、体形似燕但较为粗壮,没有燕的潇洒。

■袖珍动物辞典

森燕
●鸟纲●燕雀目●森燕科
森燕科有10种。每巢产2~4卵,雌雄一起抱卵、喂饵。

笛鸟
●鸟纲●燕雀目●笛鸟科
笛鸟科有8种。用小树枝在树上造巢。每巢产2~5卵。

绢造园鸟

全长27~33厘米

学名 *Ptilonorhynchus violaceus*

绢造园鸟会建造舞场吗?

绢造园鸟的雄鸟,除用树枝做成舞场外,并收集各式各样的玻璃、贝壳、花等来装饰,引诱雌鸟前来。

● 仔细看

造园鸟类的"舞场",依种类其造法也有差别。将地面收拾干净,以叶子将周围围起来造成一舞场,或是在树上编小枝塔盖成小屋,或铺上苔、羊齿等建造庭院,也有筑小道的,但这些都不具有巢的功能。它的巢由雌鸟建造,相当粗糙。

● 各种造园鸟和它的舞场

金造园鸟
Prionodura newtoniana
全长 24厘米

冠造园鸟
Amblyornis macgregoriae
全长 23厘米

茶色造园鸟
Amblyornis inornatus
全长 23厘米

■袖珍动物辞典

造园鸟

● 鸟纲 ● 燕雀目 ● 造园鸟科

造园鸟约有18种,只分布在新几内亚和大洋洲东部,是和极乐鸟近缘的鸟。雄的成鸟后造舞场,并装饰它的地盘,和前来的雌鸟做亲密的求爱舞。巢是由雌鸟以小枝造成的,每巢产1~3卵,由雌鸟抱卵和育雏。

小嘴鸦
全长 50厘米
学名 *Corvus corone*

[食物]
(根叶)　(种子)　(水果)　(果实)　(昆虫)　(蛙)　(雏鸟)　(动物的腐肉)

❓ 鸟类中最进化的是哪一种？

　　乌鸦类分布在全世界，属于留鸟，大部分是群居；杂食性；可超越自然环境及季节的影响，在任何地方都可生存。有时吃腐烂的东西，所以在自然界负有清道夫的职责。寿命长、头脑也好，是鸟类中最进化的种类。大多在地上采食，傍晚才回到森林里的窝。

● 大多在地上采食，傍晚回到森林里的窝。

● 将硬贝壳或树上的果实掷在岩石上，使其打开。

○ 喜欢光亮的东西，会收集玻璃、戒指等物品。

○ 有的乌鸦会盗走高尔夫球场上的球。

○ 各种乌鸦

巨嘴鸦

红嘴鸦

黄嘴鸦

寒鸦

秃鼻鸦

白腹鸦

渡鸦

星鸦

○ 星鸦搬运东西到固定的地方去贮藏。

■袖珍动物辞典

乌鸦

●鸟纲 ●燕雀目 ●鸦科

鸦科约有100种，仅乌鸦类就有35~40种。乌鸦的好奇心、警戒心都很强，智能在鸟类中也很高。普通栖在树的高枝分叉处，雌雄共同收集小枝叶造碗形的巢，也有利用旧巢再加以修理后使用。产4~5卵。由雌鸟抱卵约20天，此段时间由雄鸟搬运食物，雏鸟由双亲喂食30~35天后出窝。

天堂鸟

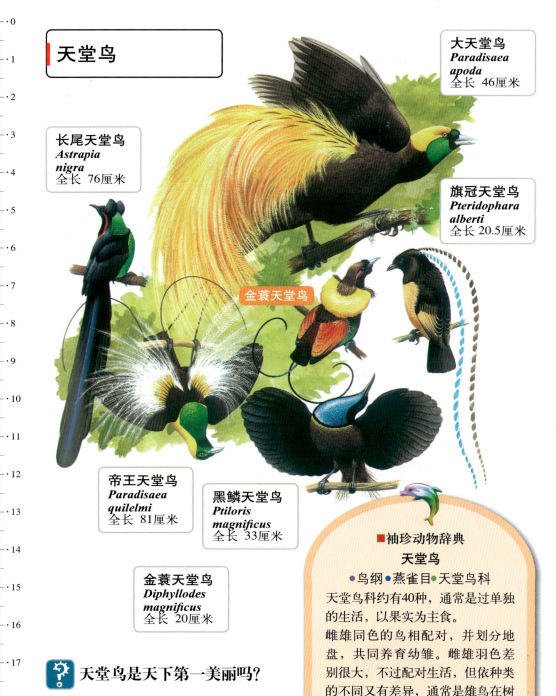

大天堂鸟
Paradisaea apoda
全长 46厘米

长尾天堂鸟
Astrapia nigra
全长 76厘米

旗冠天堂鸟
Pteridophara alberti
全长 20.5厘米

金蓑天堂鸟

帝王天堂鸟
Paradisaea quilelmi
全长 81厘米

黑鳞天堂鸟
Ptiloris magnificus
全长 33厘米

金蓑天堂鸟
Diphyllodes magnificus
全长 20厘米

天堂鸟是天下第一美丽吗?

天堂鸟是乌鸦近缘的鸟。雄的羽毛很鲜明,有各种绮丽的形态,被称为最美丽的鸟。

■袖珍动物辞典

天堂鸟

●鸟纲 ●燕雀目 ●天堂鸟科

天堂鸟科约有40种,通常是过单独的生活,以果实为主食。

雌雄同色的鸟相配对,并划分地盘,共同养育幼雏。雌雄羽色差别很大,不过配对生活,但依种类的不同又有差异,通常是雄鸟在树梢上鸣叫引诱雌鸟前来,雄鸟再使用美丽的装饰羽表演求爱舞后再配对。

喜鹊

全长 45厘米

学名 *Pica pica*

[食物]

(蜥蜴) (卵) (水果)

(种子)

❓ 喜鹊和乌鸦谁大？

鹊是鸦类中仅次于乌鸦的大鸟。像乌鸦一样，住在各个地方，也如乌鸦一般喜欢收集光亮东西的习性。在欧洲，喜鹊比乌鸦更经常袭击其他鸟类的巢或卵。

● 仔细看

翼短而圆形，所以不能飞长距离。

● 鹊的近缘种类

橿鸟

长尾鹊

青冠鹊

■袖珍动物辞典

鹊

● 鸟纲 ● 燕雀目 ● 鸦科

鹊属于鸦科、鹊属，是鸦科中仅次于乌鸦的大鸟，分布非常广泛，在大部分的地方为留鸟。全身发黑，只有肩膀和腹部为白色，尾长。初春在高树梢附近，雌雄共同筑巢，以枯树枝为主干，巢上有屋顶。每巢产5~6卵，雌鸟约抱卵18天后，由雌雄一起喂饵。成鸟后占有的地盘，一生拥有不变。

饲鸟

胡锦鸟
Chloelia gouldiae
全长 14厘米

霞鸟
Hypargos niveoguttatus
全长12~13厘米

（雄）

（雌）

旭鸟
Neochmia phaeton
全长 13厘米

小纹鸟
Neochmia ruficauda
全长10~12厘米

红头鹦雀
Erythrura psittacea
全长12~13厘米

卷毛金丝雀

■袖珍动物辞典
饲养的鸟

除了鸡、鸽外，早在青铜器时代，就有许多鸟类被当宠物饲养。最具有代表性的金丝雀开始于16世纪，阿苏儿则是19世纪从各个野生的地方引进欧洲再扩展而来的品种。

金丝雀是花鸡科的金翅雀的同类，住在非洲西海岸或加纳利诸岛的丛林内，属于野生鸡，全身橄榄色，不是特别美丽的鸟。

阿苏儿是住在大洋洲的野生鸟，属于鹦鹉科，特征是羽毛黄、绿色中带有黑色条纹。

文鸟类住在热带亚洲的草原，有白头文鸟、棕色黑头文鸟等，多种当做饲养鸟。

饲养的鸟如再回归自然界，经过野生化后，也能在世界各地出现。